无人机系统概论

王耀坤　郭伟丰　高　静　著

北京航空航天大学出版社
BEIHANG UNIVERSITY PRESS

图书在版编目（CIP）数据

无人机系统概论／王耀坤，郭伟丰，高静著． --北
京：北京航空航天大学出版社，2024.1
ISBN 978-7-5124-4160-6

Ⅰ．①无… Ⅱ．①王… ②郭… ③高… Ⅲ．①无人驾
驶飞机-概论 Ⅳ．①V279

中国国家版本馆 CIP 数据核字（2023）第 169435 号

无人机系统概论

责任编辑：李　帆
责任印制：秦　赟
出版发行：北京航空航天大学出版社
地　　址：北京市海淀区学院路 37 号（100191）
电　　话：010 - 82317023（编辑部）　　　　010 - 82317024（发行部）
　　　　　010 - 82316936（邮购部）
网　　址：http：//www.buaapress.com.cn
读者信箱：bhxszx@163.com
印　　刷：北京雅图新世纪印刷科技有限公司
开　　本：710mm×1000mm　1/16
印　　张：16
字　　数：261 千字
版　　次：2024 年 1 月第 1 版
印　　次：2024 年 1 月第 1 次印刷
定　　价：96.00 元

目　录

CONTENTS

第1章　无人机系统综述 ···································· 1

1.1　无人机系统的定义 ······························· 2

1.2　无人机系统的组成 ······························· 3

　1.2.1　无人飞行器 ······························· 3

　1.2.2　指挥控制系统 ···························· 3

　1.2.3　测控与信息传输 ························· 4

　1.2.4　任务设备 ······························· 5

　1.2.5　发射回收系统 ···························· 5

　1.2.6　保障维护系统 ···························· 6

1.3　无人机系统的分类 ······························· 6

　1.3.1　按照飞行平台构型分类 ················ 6

　1.3.2　按照起飞重量分类 ···················· 9

　1.3.3　按照飞行速度分类 ···················· 11

　1.3.4　按照活动半径分类 ···················· 13

　1.3.5　按照实用升限分类 ···················· 13

　1.3.6　按照用途分类 ························· 14

1.4　无人机系统的优势 ······························· 21

　1.4.1　危险任务 ······························· 21

　1.4.2　恶劣任务 ······························· 22

　1.4.3　枯燥任务 ······························· 23

　1.4.4　隐蔽任务 ······························· 23

　1.4.5　环境因素 ······························· 25

1.4.6 经济因素 ·· 25

1.4.7 科学研究 ·· 26

本章习题 ·· 27

参考文献 ·· 28

第2章 无人机发展史 ·· 29

2.1 无人机初创 ·· 29

2.1.1 20世纪10—20年代 ·· 29

2.1.2 20世纪30—40年代 ·· 34

2.1.3 20世纪50—80年代 ·· 38

2.1.4 20世纪90年代至今 ·· 41

2.2 无人机的现状 ·· 46

2.2.1 无人直升机 ·· 46

2.2.2 隐身无人机 ·· 47

2.2.3 长航时无人机 ··· 48

2.2.4 微型无人机 ·· 49

2.2.5 多旋翼无人机 ··· 50

2.3 中国无人机的发展 ··· 50

2.3.1 "北京五号"无人机 ·· 50

2.3.2 "长空一号"无人机 ·· 53

2.3.3 "长虹一号"无人机（无侦-五） ··························· 54

2.3.4 BZK-005无人机 ·· 56

2.3.5 ASN-206无人机 ·· 56

2.3.6 "翼龙"系列无人机 ·· 57

2.3.7 "彩虹"系列无人机 ·· 58

2.3.8 大疆无人机 ·· 59

2.3.9 物流无人机 ·· 60

本章习题 ·· 61

参考文献 ·· 61

第3章　无人机飞行原理基础 ································ 63

3.1　无人机飞行环境 ································ 63

3.1.1　大气状态方程 ································ 64

3.1.2　标准大气 ································ 64

3.1.3　大气的特性 ································ 65

3.2　无人机空气动力学原理 ································ 66

3.2.1　相对飞行原理 ································ 66

3.2.2　连续性定理 ································ 66

3.2.3　伯努利定理 ································ 67

3.3　无人机的升力与阻力 ································ 67

3.3.1　无人机的翼型 ································ 68

3.3.2　升力 ································ 69

3.3.3　阻力 ································ 71

3.4　无人机飞行性能 ································ 76

3.4.1　飞行速度 ································ 76

3.4.2　航程 ································ 76

3.4.3　升限 ································ 77

3.5　无人机操稳特性 ································ 77

3.5.1　无人机的坐标系 ································ 77

3.5.2　无人机的平衡 ································ 78

3.5.3　无人机的稳定性 ································ 78

3.5.4　无人机的操纵性 ································ 80

本章习题 ································ 82

参考文献 ································ 82

第4章　无人机结构与材料 ································ 84

4.1　无人机结构概述 ································ 84

4.1.1　作用在无人机上的外载荷 ································ 85

4.1.2　机翼的外载荷与结构形式 ································ 86

4.1.3 机身的外载荷与结构形式 ………………………… 94

4.1.4 起落装置 ………………………………………… 99

4.2 无人机常用材料 …………………………………………… 103

4.2.1 金属材料 ………………………………………… 104

4.2.2 非金属材料 ……………………………………… 107

4.2.3 复合材料 ………………………………………… 108

本章习题 ……………………………………………………… 111

参考文献 ……………………………………………………… 112

第5章 无人机动力系统 ………………………………………… 113

5.1 电动动力系统 ……………………………………………… 113

5.1.1 有刷电机 ………………………………………… 113

5.1.2 无刷电机 ………………………………………… 115

5.1.3 电子调速器 ……………………………………… 116

5.1.4 电池 ……………………………………………… 116

5.1.5 螺旋桨 …………………………………………… 117

5.2 活塞动力系统 ……………………………………………… 118

5.2.1 二冲程发动机 …………………………………… 118

5.2.2 四冲程发动机 …………………………………… 120

5.3 空气喷气动力系统 ………………………………………… 122

5.3.1 涡轮喷气发动机 ………………………………… 122

5.3.2 涡轮风扇发动机 ………………………………… 124

5.3.3 涡轮螺桨发动机 ………………………………… 126

5.3.4 涡轮轴发动机 …………………………………… 127

5.3.5 冲压发动机 ……………………………………… 129

5.4 供油系统概述 ……………………………………………… 131

5.4.1 油箱 ……………………………………………… 132

5.4.2 附件 ……………………………………………… 134

5.4.3 燃油 ……………………………………………… 135

5.5 新型动力系统 ……………………………………………… 136

　5.5.1 太阳能动力 ……………………………………… 136

　5.5.2 氢能源动力 ……………………………………… 137

　5.5.3 油电混合动力 …………………………………… 138

　本章习题 ………………………………………………… 140

　参考文献 ………………………………………………… 141

第6章 无人机飞行控制系统 ………………………………… 142

6.1 无人机飞行控制系统概述 ………………………………… 142

6.2 无人机导航系统 …………………………………………… 143

　6.2.1 惯性导航 ………………………………………… 143

　6.2.2 卫星定位导航 …………………………………… 145

　6.2.3 多普勒导航 ……………………………………… 146

　6.2.4 地形辅助导航 …………………………………… 147

　6.2.5 组合导航 ………………………………………… 148

6.3 无人机机载飞行控制设备 ………………………………… 149

　6.3.1 传感器 …………………………………………… 149

　6.3.2 自动驾驶仪 ……………………………………… 150

　6.3.3 伺服作动系统 …………………………………… 151

6.4 无人机地面飞行控制设备 ………………………………… 152

　6.4.1 地面站 …………………………………………… 152

　6.4.2 遥控器 …………………………………………… 154

6.5 无人机数据链路 …………………………………………… 155

　6.5.1 数据链系统的组成 ……………………………… 155

　6.5.2 数据链系统的无线通道 ………………………… 157

6.6 飞行控制系统工作流程 …………………………………… 158

　6.6.1 外部闭环 ………………………………………… 158

　6.6.2 内部闭环 ………………………………………… 159

本章习题 ……………………………………………………………… 160

参考文献 ……………………………………………………………… 161

第 7 章　无人机任务设备 ………………………………………………… 162

7.1　光学设备 …………………………………………………………… 163

7.2　红外设备 …………………………………………………………… 164

7.3　雷达设备 …………………………………………………………… 165

7.4　武器设备 …………………………………………………………… 166

7.5　通信中继设备 ……………………………………………………… 168

7.6　电子对抗设备 ……………………………………………………… 169

7.7　靶标设备 …………………………………………………………… 171

7.8　植保设备 …………………………………………………………… 172

7.9　其他任务设备 ……………………………………………………… 174

本章习题 ……………………………………………………………… 176

参考文献 ……………………………………………………………… 177

第 8 章　无人机制造与装配 ……………………………………………… 178

8.1　无人机制造 ………………………………………………………… 178

8.1.1　复合材料结构制造 …………………………………………… 178

8.1.2　金属材料结构制造 …………………………………………… 183

8.1.3　增材制造 ……………………………………………………… 186

8.2　无人机装配 ………………………………………………………… 193

8.2.1　机体结构模块装配 …………………………………………… 194

8.2.2　航空电子设备模块装配 ……………………………………… 198

8.2.3　动力系统模块装配 …………………………………………… 202

8.2.4　无人机总装配 ………………………………………………… 204

本章习题 ……………………………………………………………… 205

参考文献 ……………………………………………………………… 205

第 9 章 无人机试验 ························· **207**

9.1 无人机地面试验 ························· 208

9.1.1 风洞试验 ························· 208

9.1.2 静力试验 ························· 210

9.1.3 起落架落震试验 ························· 212

9.1.4 动力系统地面试验 ························· 214

9.1.5 任务设备地面试验 ························· 216

9.1.6 地面全系统试验 ························· 217

9.2 无人机飞行试验 ························· 218

9.2.1 气动性能试验 ························· 219

9.2.2 动力系统飞行试验 ························· 219

9.2.3 飞行控制系统试验 ························· 220

9.2.4 无人机起降系统试验 ························· 220

本章习题 ························· 221

参考文献 ························· 222

第 10 章 无人机最新发展 ························· **223**

10.1 无人作战飞机 ························· 223

10.1.1 "忠诚僚机" ························· 223

10.1.2 无人加油机 ························· 227

10.1.3 无人机蜂群 ························· 228

10.1.4 无人机空中回收 ························· 230

10.2 新能源无人机 ························· 230

10.2.1 激光能源无人机 ························· 231

10.2.2 等离子体无人机 ························· 233

10.2.3 超长航时太阳能无人机 ························· 234

10.3 微型自主无人机 ························· 235

10.4 垂直起降无人机 ························· 236

10.4.1 尾座式无人机 …………………………………………… 236

10.4.2 倾转旋翼无人机 ………………………………………… 238

10.4.3 复合式垂直起降无人机 ………………………………… 239

10.5 跨介质无人机 …………………………………………… 239

10.6 高超声速无人机 ………………………………………… 241

10.7 超长航时无人机 ………………………………………… 242

10.8 火星无人机 ……………………………………………… 244

本章习题 ……………………………………………………… 245

参考文献 ……………………………………………………… 245

第1章 无人机系统综述

2020 年 1 月 3 日，伊拉克首都巴格达，暗夜苍茫。夜色中，巴格达国际机场迎来了一位重要客人。来客行色匆匆，借着夜色遮掩着面容，似是不想惊扰夜中的城。一行人，两辆越野车，高度戒备，借着微弱的车灯光，悄悄从机场驶入茫茫夜色之中。

突然，两颗导弹从天而降，先后击中了两辆车，火光吞没了人和车，也惊动了梦中的城市。警察、军队纷纷赶到现场，他们在被炸成碎片的残骸之中，凭借受害者手指上的红宝石勉强认出了其身份——伊朗伊斯兰革命卫队的精锐部队"圣城军"指挥官卡西姆·苏莱曼尼！然而，凶手却无影无踪，毫无痕迹。

当太阳升起，这场杀戮震惊世界，地球另一侧的美国发布声明承认发动了此次袭击。行刺者不是别人，正是大名鼎鼎的 MQ - 9 "收割者"无人机（图 1.1）。

图 1.1 苏莱曼尼和"收割者"无人机

现今，随着科学技术的不断进步，无人机的技术性能不断增强，在现代军事行动中的应用越来越多，在军事领域发挥了重要的作用。不仅如此，无人机在航拍、物流、测绘、农业植保等民用领域也有广泛的应用。未来，随着5G技术以及人工智能技术的大力发展，无人机必将更加智能，更加高效，也将承担更多更重要的任务，是未来的重要发展方向。

无人机具有无限的潜力，本书将带你走进无人机的世界，探寻无人机的奥秘。

1.1　无人机系统的定义

无人机（UAV，Unmanned Aerial Vehicle）是一种由动力驱动、机上无人驾驶的航空器。它通常由机体、动力装置、飞行控制与管理设备等组成，能够遥控或自主飞行，既有一次性使用的，也有能够回收并多次使用的。

由于技术的发展和系统复杂程度的不断提高，无人机要高效完成任务，除了自身机体及任务设备以外，还需要复杂的地面控制设备、通信设备甚至专门的起降回收装置等进行辅助。因此，单纯的"无人机"一词已不能对该系统进行准确的描述。

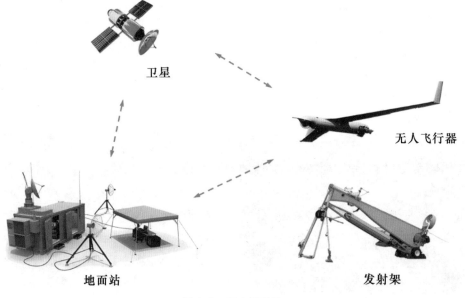

卫星

无人飞行器

地面站　　　　　　　　　发射架

图 1.2　无人机系统

现在国际上主要用无人机系统（UAS，Unmanned Aircraft System）来对该系统进行描述。无人机系统是由无人飞行器、任务设备、测控与信息传输（数据链）、指挥控制、发射与回收、保障与维修等分系统共同组成（图1.2），并且能够完成特定任务的完整系统。

1.2　无人机系统的组成

1.2.1　无人飞行器

无人飞行器是无人机系统中主要在空中飞行的部分，通常包含机体平台、动力装置、飞控系统和电力系统等子系统，各部分相互协作，为任务设备提供稳定的飞行平台，可以按要求飞行至目标区域完成相应的任务作业。图1.3 为北京航空航天大学创造无人机续航时间世界纪录的"冯如三号"无人飞行器。

图 1.3　"冯如三号"无人飞行器

1.2.2　指挥控制系统

无人机指挥控制系统也称地面控制站，简称地面站（图1.4），主要完成飞行任务规划、任务数据的加载、无人机参数的监控和记录、无人机的操纵控制以及任务载荷的操作等。

图 1.4　无人机地面站（透视图）

1.2.3　测控与信息传输

无人机的信息传输系统主要负责传输数据，分为上行和下行两个方向。上行通道实现对无人机的操控；下行通道完成对无人机状态参数的遥测，并获取由任务设备提供的信息。测控与信息传输分系统主要包含无线电遥测设备、信息传输设备以及中继转发设备等。图 1.5 为无人机的信息传输系统。

图 1.5　无人机信息传输系统

1.2.4　任务设备

无人机任务设备是无人机执行任务的主要装备，是拥有和使用无人机系统的根本原因和目的。无人机任务设备按用途的不同可以分为侦察设备（图1.6）、电子对抗设备、攻击任务设备等。

图 1.6　侦察设备（光电吊舱）

1.2.5　发射回收系统

无人机的发射与回收系统是无人机的一个重要功能系统，主要完成无人机的发射（起飞）和回收（着陆）任务，是满足无人机机动便捷、重复使用以及高生存能力等多种需求的必要技术保障设备。该系统主要包括发射车、发射箱、回收伞和拦阻网等。图1.7所示为无人机发射架。

图 1.7　无人机发射架

1.2.6　保障维护系统

保障维护系统用于完成无人机系统日常的维护、状态测试和维修等任务，主要包括保障设备、工具、维护检测设备、转场运输设备等。图 1.8 为使用吊车对无人机进行吊装的场景。

图 1.8　使用吊车对无人机进行吊装

1.3　无人机系统的分类

随着无人机技术的逐渐成熟，无人机的应用越来越多。为了适应不同的使用要求，无人机的类型繁多、用途不同、差异明显。因此，无人机的归纳与分类也显得更加重要。现在主要按照飞行平台构型、起飞重量、飞行速度、活动半径、实用升限、用途等方式进行分类。

1.3.1　按照飞行平台构型分类

无人机按照飞行平台构型可以分为固定翼无人机、无人直升机、多旋翼无人机和无人飞艇等，如图 1.9 所示。

图 1.9　按照飞行平台构型分类

　　固定翼无人机、无人直升机、多旋翼无人机都是重于空气的航空器。其中，固定翼无人机（图 1.10）是通过动力装置产生推力或者拉力，由固定的机翼产生升力的无人航空器，最大的特点是飞行速度较快、航程远、载荷能力强，是无人机的主流构型。

图 1.10　固定翼无人机

　　无人直升机（图 1.11）和多旋翼无人机（图 1.12）是由动力系统驱动旋翼产生升力及前进动力的无人航空器，具有较高的灵活性，可以实现垂直起飞、垂直降落和空中悬停等功能。其中，无人直升机主要通过旋翼周期变距等形式实现对飞行的操控。多旋翼无人机通常有三个或者三个以上旋翼，依靠不同旋翼转速差异导致的力矩进行操控，操作简单、成本较低、可靠性强。

图 1.11　无人直升机

图 1.12　多旋翼无人机

　　无人飞艇（图 1.13）是轻于空气的航空器，内部充以密度比空气小的气体，如氢气或氦气。其外形呈流线型以减少飞行时的阻力，留空时间较长，可以用于气象探测、通信中继等领域。

图 1.13　无人飞艇

1.3.2　按照起飞重量分类

按照起飞重量分类，无人机可以分为微型无人机、小型无人机、中型无人机和大型无人机。

表 1.1　按照起飞重量分类

类别	起飞重量
微型无人机	小于 1kg
小型无人机	1～100kg
中型无人机	100～1000kg
大型无人机	大于 1000kg

微小型无人机因其便于携带，适用于街巷作战等应用场景。图 1.14 为重量仅 30 克左右的挪威"黑蜂"无人机。整机重 2.7 千克的美国 RQ－14"龙眼"无人机（图 1.15）为小型无人机的优秀代表。大中型无人机主要应用于军事打击、通信中继等领域。图 1.16 为整机重约 727 千克的美国 RQ－5"猎人"无人机。图 1.17 为空机重约 6781 千克的美国"全球鹰"无人机。

图 1.14 挪威"黑蜂"无人机

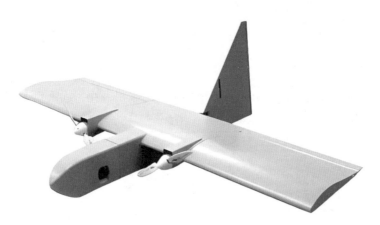

图 1.15 美国 RQ–14 "龙眼"无人机

图 1.16 美国 RQ–5 "猎人"无人机

图 1.17 美国"全球鹰"无人机

1.3.3 按照飞行速度分类

在不同的飞行速度下,无人机周围空气压强会发生变化,进而导致空气密度变化,甚至引起空气流动规律的改变,影响空气动力特性。通常,描述空气被压缩的程度时,用物体的运动速度和声速的比值来表示,该比值称为马赫数,通常以 Ma 来表示,即

$$Ma = \frac{v}{a} \qquad (1-1)$$

式中,v 表示在一定高度上无人机的飞行速度,a 表示该处的声速。例如,$0.5\ Ma$ 表示飞行速度为当地声速的 0.5 倍。

根据马赫数 Ma 的大小,可以把无人机的飞行速度进行划分为中低速无人机、亚声速无人机、跨声速无人机、超声速无人机、高超声速无人机。

表 1.2 按照飞行速度分类

类别	飞行速度
中低速无人机	小于 $0.3\ Ma$
亚声速无人机	$0.3 \sim 0.7\ Ma$
跨声速无人机	$0.7 \sim 1.2\ Ma$
超声速无人机	$1.2 \sim 5.0\ Ma$
高超声速无人机	大于 $5.0\ Ma$

目前已经投入使用并且较为成熟的无人机大多数是中低速无人机和亚声速无人机；能达到跨声速及以上速度的无人机还较少；高超声速无人机几乎还都处在试验研发的阶段，它们的使用仍然有很大的不确定性。图 1.18 为最大飞行速度达 3.35 Ma 的美国 D–21 超声速无人机。图 1.19 为最大飞行速度达 9.6 Ma 的美国 NASA X–43A 高超声速无人机。

图 1.18　美国 D–21 无人机

图 1.19　美国 X–43A 无人机

1.3.4　按照活动半径分类

按照活动半径分类，无人机可分为超近程无人机、近程无人机、短程无人机、中程无人机、远程无人机。

表 1.3　按照活动半径分类

类别	活动半径
超近程无人机	5~15km
近程无人机	15~50km
短程无人机	50~200km
中程无人机	200~800km
远程无人机	大于 800km

通常，各级活动半径的无人机的主要任务都是侦察和监视，中远程无人机还可以执行通信中继任务或者对敌人进行打击。图 1.20 为活动半径超过 1000 千米的以色列"苍鹭"无人机。

图 1.20　以色列"苍鹭"无人机

1.3.5　按照实用升限分类

按照实用升限，无人机可以分为超低空无人机、低空无人机、中空无人机、高空无人机、超高空无人机。

表 1.4 按照实用升限分类

类别	实用升限
超低空无人机	0 ~ 100m
低空无人机	100 ~ 1000m
中空无人机	1000 ~ 7000m
高空无人机	7000 ~ 18 000m
超高空无人机	18 000m

超低空无人机、低空无人机一般用于执行侦察和拍照任务，商业级无人机在该类型无人机中占有较大比例。中空无人机、高空无人机、超高空无人机一直是无人机技术的重点发展方向。此外，由于高空长航时无人机能进入高空，可以在安全高度长时间停留，甚至可以替代卫星，故常被称为"大气层人造卫星"。如图 1.21 为实用升限达 13 500 米的美国 RQ - 3 "暗星"无人机。

图 1.21　美国 RQ - 3 "暗星"无人机

1.3.6　按照用途分类

在无人机的发展历程中，技术人员设计了形形色色、功能各异的无人机来适应多种应用场景，使得无人机的用途也变得十分广阔。

按使用用途的不同，无人机可以分为军用和民用无人机，如图 1.22 所示。

图 1.22　无人机的分类

1. 侦察无人机

　　侦察无人机是指无人驾驶的专门用于从空中获取情报信息的飞机。这类无人机通常会安装有一种或者多种侦察设备,深入敌人阵地或敌后进行空中侦察,将所获得的信息传送回地面站,为军事活动提供参考。随着高新技术的发展和应用,侦察无人机的设备性能以及自身性能在不断地提高,已经成为侦察卫星和有人侦察机的重要补充和增强手段。

　　"扫描鹰"无人机(图 1.23)是美军大量使用的侦察无人机,曾广泛使用

图 1.23　美国"扫描鹰"无人机

于伊拉克战场和阿富汗战场，可以借助专用起降设备从军舰和陆地起降，进行长航时侦察，为指挥官提供实时战场图像。该机体型较小并且具有不错的静音性，所以执行侦察任务时很难被敌方发现。

2. 无人靶机

无人靶机是在军事训练中用于模拟飞机、导弹和其他各种飞行器的无人机，主要用于鉴定各种航空武器的性能、训练战斗机飞行员以及防空武器操作员等。由于其在测试武器系统的打击效果以及"练兵"等方面的实战化效果较好，因此在军事训练中越来越重要。

BQM-167（图1.24）是美国空军的一款无人靶机，长度6.1米，翼展3.2米，最高速度0.93Ma，最大起飞重量646千克。该无人机通过火箭助推起飞，使用伞降系统在陆地或海上回收。

图1.24　美国 BQM-167 无人靶机

3. 诱饵无人机

诱饵无人机通常搭载一些专用的电子设备，具有与被模拟的目标相似的机动性能，并能发出一些模拟目标的"电子图像"。它主要用于诱使敌方电子雷达等侦察设备开机，从而获取对方雷达波段、雷达坐标等有关信息，迷惑敌人并消耗敌人对己方具有较大威胁的防空武器等。

ADM-160（图1.25）是美国新一代小型低成本诱饵无人机，用于压制敌人的防空系统，可由 F – 16、B – 52 等有人战机挂载和发射。该无人机机长 2. 38 米，翼展 0. 65 米，重量为 45 千克，速度可达 0. 8 Ma。

图 1. 25 美国 ADM – 160 无人机

4. 攻击无人机

攻击无人机通常携带小型、大威力的精确制导武器执行一些军事打击任务，该类无人机作战效能优异，可以有效地攻击、拦截地面和空中目标，并可避免己方飞行员伤亡。

"复仇者"无人机（图 1. 26）可以携带大量武器载荷，其 3 米长的内部武

图 1. 26 美国"复仇者"无人机

器舱可携带约 1588 千克的精确制导炸弹，机翼、机身下部 6 个挂载点也可以携带武器或者其他任务设备。主要武器装备是 AFM－114"地狱火"导弹和 GBU 系列导弹等。

5. 电子对抗无人机

电子对抗无人机就是装载电子设备、执行电子侦察与干扰任务的无人机，主要目标是探测和干扰敌方指挥通信系统、作战飞机和地面雷达等各种电子设备。该类无人机可以使得敌人的通信、电子和光电系统"罢工"，从而使敌人处于混乱状态无法协同作战。

MQ－9"收割者"无人机（图 1.27）可以执行电子对抗任务，曾装备诺斯罗普·格鲁曼公司的"潘多拉"电子战系统进行演示并且得到了较好的效果。这使得它具备了电子攻击的能力，并且可以与其他电子战系统进行联合作战。

图 1.27 装备"潘多拉"电子战系统的 MQ－9"收割者"无人机

6. 巡逻/巡查无人机

巡逻/巡查无人机（图 1.28）因其可靠性强、巡逻范围广，在校园、社区等公共场合逐渐崭露头角，在打击交通违法犯罪中也起着重要的作用。

图 1.28　巡逻/巡查无人机

7. 农用无人机

农用无人机（图 1.29）在播种、授粉、施肥等方面具有成本低、作业效率高、安全环保，以及能够避免破坏作物或碾压土壤等优势，还可以搭载多种对地传感器，获取高清的农田图像数据来分析田间作物的生长情况，使农业生产实现可预测和实时监测。目前，农用无人机在农业生产中的应用越来越广泛。

图 1.29　农用无人机

8. 气象无人机

气象无人机（图 1.30）是近年来国际上新兴起来的一种能够进行高技术气象探测和作业的无人飞行平台。相比气象卫星，气象无人机的飞行高度更低且不受高空云层的影响，这使得它在天气预报方面拍摄的图片更加清晰，并且能够获得更为准确和及时的气象数据。相比于人工气象监测，气象无人机更加快速灵活，在执行一些恶劣天气情况下的监测时还可以避免人员伤亡的风险。

图 1.30　搭载探针测量甲烷浓度的气象无人机

9. 消防无人机

在火灾中，消防无人机可以对现场进行灾情侦查、监控追踪、辅助救援等工作，为消防部队的救援抢险带来极大的帮助。此外，消防无人机甚至还能通过携带灭火弹、灭火剂等消防器材直接灭火，以减少消防员进入火场面临危险的次数，是未来消防领域的一大发展趋势。图 1.31 为正在执行灭火任务的消防无人机。

图 1.31　消防无人机

10. 测绘无人机

无人机在测绘领域的应用主要是国土测绘（图1.32）、环境监测、农林分析、水利监测、应急救灾等方面。相比于传统的人工作业模式，无人机测绘更加高效、精确。测绘无人机利用高清相机或激光雷达采集的图像数据，既可以减少工时工序，又可以减少技术人员的劳动强度，使得技术人员有更多时间和精力专注于分析数据并提出应对措施。

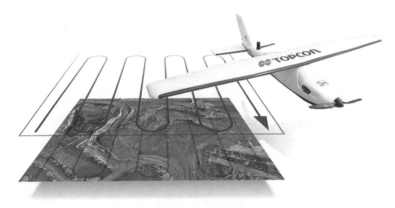

图1.32　测绘无人机

1.4　无人机系统的优势

无人机系统因其独特的优势，得到越来越广泛的应用，甚至有替代有人机的趋势。无人机系统现在主要适用于如下任务场景。

1.4.1　危险任务

执行军事任务时，有人机存在被击落造成飞行人员伤亡的风险。即使飞行员顺利跳伞，被俘后也会造成不利的政治影响。采用无人机执行此类危险任务，隐蔽性好，成本低，不存在人员伤亡风险。另外，面对极端恶劣的任务场景，飞行员可能会产生恐惧而影响任务执行，此时应用无人机则能规避此问题，优势更加明显。如图1.33为正在执行危险攻击任务的MQ-9"收割者"无人机。

图 1.33   MQ－9 "收割者" 无人机

1.4.2   恶劣任务

恶劣任务是指执行任务的环境可能被一些化学、生物、放射性物质及核废料污染，人员工作时会对生命健康造成巨大的危害。

在军事和民用领域都有恶劣任务的需求。比如核泄漏空中监测，使用无人机可以避免对飞行员的伤害，而且清除无人机机体上的污染物（如放射性物质）相对容易，甚至可采用一次性无人机执行此类任务。图 1.34 为无人机执行对发电站进行监控的恶劣任务。

图 1.34   无人机对发电站进行监控

1.4.3　枯燥任务

枯燥任务是指重复性的、持久性的任务，比如大范围大航程的监视和侦察。飞行员在执行这类任务时极易产生疲劳，注意力不集中，影响飞行安全及任务完成质量。使用无人机执行该类任务时，搭载高清光电吊舱，可以高效、成本低廉地完成任务，而地面操控人员可在舒适的控制中心轮替工作，监控信息。

Aerosonde 无人机（图 1.35）在 1998 年首次穿越大西洋后，于 2012 年进入"UASII"计划，被美国武装部队用于执行情报、监视和侦察（ISR）任务，续航能力超过 10 小时。同时作为小型长航时无人机也可搭载探测设备收集气象数据，包括温度、大气压、湿度以及海洋气象等。

图 1.35　Aerosonde 无人机

1.4.4　隐蔽任务

隐蔽任务是指在军事秘密行动中，不能让敌方觉察的任务。如对敌方领空进行的隐蔽监视，此时无人机低探测性的优势就得以凸显。

在波黑战争中，美国将"蚋蚊"750 型无人机（图 1.36）部署到阿尔巴尼亚的基地，以加强对波黑战场的监视。在车臣战争中，俄罗斯首次使用"蜜蜂－1T"型无人侦察机（图1.37）飞越车臣非法武装占领区上空侦察，发回侦察信息，引导大批轰炸机，使得车臣武装构筑的阵地还未派上用场就被俄军空中力量摧毁了。

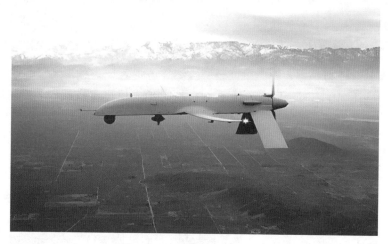

图1.36 "蚋蚊"750无人机

图1.37 "蜜蜂－1T"型无人侦察机

1.4.5   环境因素

环境因素主要体现在民用方面。通常无人机体积小、重量轻、能源消耗少，因而产生的噪声和排放量也小。在完成同一任务时，无人机产生的环境影响和污染要远小于有人机。比如有人机在执行农林作业时，会产生巨大的噪声，牲畜也会因低空飞机的巨大噪声以及看到低空飞行物而感到恐慌。此时如使用无人机，影响则会小很多。图 1.38 为正在森林执行任务的无人机。

图 1.38   在森林执行任务的无人机

1.4.6   经济因素

无人机与有人机相比，在完成相同任务时，首次购置费、使用费、维修费、燃料费、存放保管费都较低。另外由于较低的操纵技术门槛，无人机操控人员的培训费用和工时费用都比使用有人机低很多，这就大大节省了经费，而且由于无人机体积小、起降场地小，使用也非常方便。

在航拍、航空遥感等原来由通航飞机、直升机执行任务的领域（图 1.39），使用航拍无人机后，成本大为降低，航拍镜头的使用也越来越广泛。图 1.40 为无人机参与电影拍摄工作的场景。

图 1. 39　航拍直升机

图 1. 40　无人机参与电影拍摄

1.4.7　科学研究

由于无人机测控、动力和材料等技术的快速发展，无人机在按照一定的相似率进行设计后，完全可以代替有人机进行飞行试验，并记录相关试验数据，在飞机设计领域称为缩比验证机技术。这样相对于风洞试验，能够获得更多、更真实、更动态的试验结果。相对于采用有人机进行飞行试验，可缩短研发周期、降低风险、节约成本。另外，对于一些创新的航空单项技术，使用无人机进行飞行试验也能极大降低研发风险。

为了对翼身融合技术（BWB）进行探索，美国航空航天局研发了 X－48 无人机（图 1.41）。该无人机装备了小型涡喷发动机，并且采用了翼身融合的气动外形设计，通过大量飞行试验，技术人员积累了大量经验和数据。

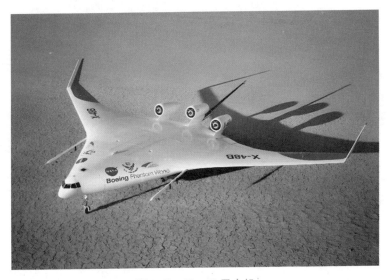

图 1.41　X－48 无人机

本章习题

1. 什么是无人机？什么是无人机系统？

2. 无人机系统的组成有哪些？

3. 你认为在无人机研发过程中，无人机系统哪个或哪几个系统的设计最重要？为什么？

4. RQ－4 无人机具体参数如下：

长度	14.5 m	最高速度	629 km/h
翼展	39.9 m	巡航速度	570 km/h
高度	4.7 m	航程	22 780 km
空重	6781 kg	实用升限	18 000 m
载重	14 628 kg		

请你结合本章学习内容指出它属于何种无人机，并说明理由。

5. 列举一个或多个你知道的无人机执行危险任务、恶劣任务、枯燥任务、隐蔽任务的例子。

6. 根据未来潜在的发展方向，如物流、通信、侦察等，请简要叙述某一种领域的无人机的总体设计，如应用何种气动布局、翼型的选择。

参考文献

[1] 潘金宽. 袭杀伊朗高级将领的美军 MQ-9 收割者无人机 [J]. 军事文摘，2020 (07)：24-28.

[2] 祝小平，向锦武. 无人机设计手册 [M]. 北京：国防工业出版社，2007.

[3] 瀚鼎文化工作室. 百科图解无人机 [M]. 北京：航空工业出版社，2017.

[4] 马静囡. 无人机系统导论 [M]. 西安：西安电子科技大学出版社，2018.

[5] 钟伟雄，韦凤，邹仁，张富健. 无人机概论 [M]. 北京：清华大学出版社，2019.

[6] 付长青，曹兵，李睿堃. 无人机系统设计 [M]. 北京：清华大学出版社，2019.

[7] 魏睿轩，李学仁. 先进无人机系统与作战运用 [M]. 北京：国防工业出版社，2014.

[8] 法尔斯特伦，格里森. 无人机系统导论 [M]. 郭正，等，译. 北京：国防工业出版社，2020.

[9] 比尔·耶纳. 战争中的无人机——无人战斗机成长之路 [M]. 丁文锐，刘春辉，李思吟，译. 北京：中国市场出版社，2014.

[10] 巴恩哈德，霍特曼，马歇尔. 无人机系统导论 [M]. 沈成林，等，译. 北京：国防工业出版社，2014.

第2章 无人机发展史

2.1 无人机初创

自1903年莱特兄弟发明飞机以来，人们就开始畅想飞机能够在无人驾驶的情况下完成飞行，并为之不懈努力。随着第一台自动驾驶仪的发明，人类终于成功地实现了无人机的飞行，自此无人机的发展拉开帷幕。此后的百余年间，各式各样、不计其数的无人机相继问世。

2.1.1 20世纪10—20年代

1. "斯佩里空中鱼雷"无人机

1911年，距离第一架飞机成功飞行仅仅过去了8年，美国的发明家埃尔默·斯佩里（图2.1）便开始对自动驾驶飞机产生了兴趣。斯佩里是一名研究陀螺仪的专家，自1896年以来就一直在研究用于军舰的陀螺仪，并且于1910年创立了斯佩里陀螺仪公司。

针对飞机的自动控制，斯佩里等人研发了以飞机的俯仰轴、偏航轴、

图2.1 埃尔默·斯佩里

滚转轴作为转轴的三轴陀螺仪（图 2.2），并将该装置与飞机的升降舵等控制装置进行机械连接，飞机的控制装置可以通过陀螺仪的偏离角度判断出飞机飞行的偏航、俯仰、滚转情况，从而自动对飞机的飞行状态进行校正，由此实现自动驾驶。

图 2.2　自动陀螺仪

　　1917 年，斯佩里等人将自动驾驶仪安装在美国海军提供的"柯蒂斯 N - 9"水上飞机（图 2.3）上，在飞机的上机翼安装了一个风力驱动装置来为自动驾驶仪提供能量。同年 9 月，他们首次对配备了自动驾驶仪的飞机进行试飞，飞机成功地飞行了 48 千米。不过这次飞行中飞机上有一名飞行员负责驾驶起飞，并不是完全的自主飞行。

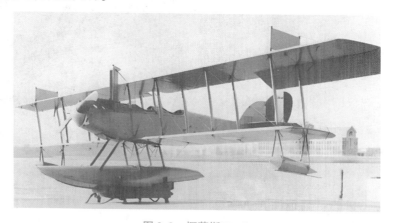

图 2.3　柯蒂斯 N - 9

随着试验的进行，斯佩里等人发现他们需要一个更高效的机身来进行飞行试验，于是要求柯蒂斯公司专门设计了一架没有配备飞行员座椅和操纵杆的飞机，这就是"斯佩里空中鱼雷"（图 2.4）。1917 年末至 1918 年初，斯佩里等人进行了多次飞行试验，并且采用了不同的起飞方式，试图解决"斯佩里空中鱼雷"的自动起飞问题，但是由于飞机的飞行性能存在问题，试验都以失败告终。

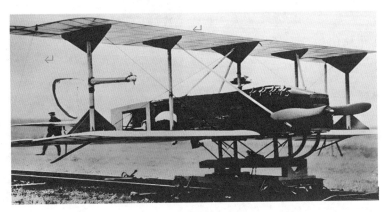

图 2.4　斯佩里空中鱼雷

斯佩里等人不得不想办法对这批飞机开展气动试验。他们购买了一辆汽车，将"斯佩里空中鱼雷"安装在汽车的顶部（图 2.5）。在这样的配置下，斯佩里等人以 130 千米/小时的速度驾驶汽车进行试验，并且在试验中将飞机控制调整到最佳的设置，这可谓世界上首次无人机的露天风洞实验。之后，斯佩里等人又将汽车作为"斯佩里空中鱼雷"的发射平台使用。

图 2.5　"斯佩里空中鱼雷"在汽车上

1918 年 3 月 6 日，飞机干脆利落地离开了汽车，稳定飞行了 910 米。这是世界上第一次重于空气的无人驾驶飞行器以自动控制的方式完成完整的飞行。

2. "凯特灵虫"无人机

同一时期，美国陆军航空局要求俄亥俄州代顿市的查尔斯·凯特林设计无人驾驶的"飞行炸弹"，并提出这种飞行炸弹的射程要能达到 64 千米，这远远超过当时所有野战火炮的射程。经过努力，查尔斯·凯特灵（图 2.6）为美国陆军通信兵开发了一种木质双翼无人机"凯特灵空中鱼雷"，通常被称为"凯特灵虫"。"凯特灵虫"的机身长 3.8 米，翼展 4.57 米，重 240 千克。其中包括一枚用作战斗部的 82 千克炸弹，能以 80 千米/小时的速度飞行。

与同时代其他无人机都由有人机改装而来不同，"凯特灵虫"是第一种

图 2.6　查尔斯·凯特灵

按照一次性自杀攻击而专门设计的无人机。它的设计充分考虑到了低成本、大批量生产的需求。该无人机由一台价格约 40 美元的两冲程四缸 V 型发动机提供动力，机身由木质层压板和纸浆制成，机翼则由纸板制成。得益于这些设计，"凯特灵虫"的成本仅为 400 美元，按购买力计算相当于现在的 24 000 美元。"凯特灵虫"的起飞使用滑轨 - 小车系统，这类似于莱特兄弟在 1903 年进行首次动力飞行时所使用的方法。这种形式使得它在起飞滑跑阶段不会偏离航向，离地时无人机与小车分离。起飞后，小型机载陀螺仪会将飞机引导到目的地。此外，"凯特灵虫"拥有可拆卸的机翼，这使得它的运输更加方便。图 2.7 为"凯特灵虫"在滑轨上。

"凯特灵虫"的飞行过程包括有动力飞行与无动力飞行两个阶段。为确保"凯特灵虫"具有较高的飞行准确度，研究人员设计了一种机械飞行控制系统来计算飞机的飞行距离。起飞前，技术人员会综合考虑风速和飞行路线及方

图 2.7　"凯特灵虫"在滑轨上

向，并以此确定"凯特灵虫"相对于空气的行进距离，利用这一数据可以计算出飞机到达目标所需的螺旋桨总转数。起飞后，计数器开始计数，当转数达到目标值时，关闭发动机并缩回固定机翼的螺栓，机翼立即脱落，"凯特灵虫"开始以无动力抛物线轨迹飞向目标，最终撞击目标，引爆 82 千克爆炸物的战斗部。图 2.8 为保存在博物馆中的"凯特灵虫"。

图 2.8　博物馆中的"凯特灵虫"

2.1.2 20世纪30—40年代

1. DH. 82B "蜂后" 无人机

1935 年之前，无人机在起飞之后无法返回原来的起飞点，故无法重复使用。但随着无线电技术的发展与应用，1935 年，英国 DH. 82B "蜂后" 号（DH. 82B Queen Bee）（图 2.9）的问世改变了无人机一次性使用的现状，实现了无人机的回收。无人机的回收技术大大降低了使用成本，也为无人机的推广打下了基础。

图 2.9 DH. 82B "蜂后" 无人机

"蜂后" 号被设计为低成本的无线电控制靶机，用于高射炮部队的实弹训练。如果它在射击中幸存下来，则机载控制器将在地面无线电的遥控下将无人机安全降落以供再次使用（图 2.10）。

"蜂后" 号使用了 DH. 82 "虎蛾" 教练机的发动机、机翼、起落架和尾翼，但是它没有使用 "虎蛾" 教练机的金属框架机身，而是使用了木制（云杉和胶合板）机身。因为这种机身价格更便宜，而且在无人机落水时可以提供浮力，这使它在回收时更有可能幸存下来。机身左侧的四叶木制风车在飞行过程中由气流驱动旋转，带动空气泵压缩空气，借此来为陀螺仪单元和伺服系统提供动力。

图 2.10　采用无线电操纵的"蜂后"无人机

2. TDR 无人机

1942 年，美国开发了一种滑跑起飞的攻击无人机——TDR 无人机。该无人机能够挂载 900 千克的炸弹或鱼雷对敌人进行空中打击，是早期的攻击无人机（图 2.11）。TDR 无人机采用了高大的前三点式起落架，以便机身腹部挂载炸弹或者鱼雷（图 2.12）。起飞之后，操纵人员可以遥控抛弃起落架以减轻其飞行重量。

图 2.11　TDR 无人机携带鱼雷飞行

图 2.12　正在挂载炸弹的 TDR 无人机

这款无人机最大的亮点是制导系统。它的机头安装有一个小型的电视导航系统，设计师将一台电视摄像机和无线电发射机装进一个盒子形成控制系统，

图 2.13　TBF "复仇者" 轰炸机驾驶员操控 TDR 无人机飞行

整套系统包括电池重量为 44 千克。TDR 无人机能通过电视系统将实时的图像传输至 TBF"复仇者"轰炸机,乘坐 TBF"复仇者"轰炸机的操纵人员可以以第一视角控制无人机的飞行(图 2.13)。尽管当时图像传输的速率并不快,但是这样的创新在 20 世纪 40 年代可以被称作电视系统小型化的工程奇迹。

1944 年,TDR 无人机被部署到南太平洋参与战争,在 50 架无人机中,有 31 架最终成功命中了目标。但是由于常规武器的充分运用使得战争逐步走向胜利,该无人机的发展最终终止。

3. V-1 飞行炸弹

第二次世界大战末期,德国的工程师对早期无人机的攻击能力进行了研究。阿道夫·希特勒希望拥有能够攻击敌方目标的飞行炸弹来对英国进行打击报复,因此德国工程师研制出了速度达到 640 千米/小时的无人机——V-1 飞行炸弹(图 2.14)。这是一种地对地攻击武器。V-1 飞行炸弹使用脉冲喷气发动机,因在飞行过程中常常伴随着"嗡嗡"的声音,所以又称为"嗡嗡炸弹"。

图 2.14　V-1 飞行炸弹

V-1 飞行炸弹的制导原理类似于"凯特灵虫",由陀螺仪来控制其偏航和俯仰,通过机头上风车驱动的里程表确定何时到达目标区域。在发射之前,会根据发射位置到目标的距离在里程计上设置参数。在飞行过程中,风车每旋转 30 圈,里程计上的数字会减少 1;当里程计的数字变为 0 时,飞行控制系统将会切断供油管路,V-1 飞行炸弹失去动力从而俯冲并撞击目标。

V－1 飞行炸弹作为德国在第二次世界大战末期的复仇武器之一，其破坏力让许多国家束手无策。自 1944 年 6 月 13 日起，德国开始利用 V－1 飞行炸弹对英国以及欧洲大陆数个重要城市进行打击。到 1945 年 3 月 29 日，德国共计生产 3 万枚 V－1 飞行炸弹，发射了大约 1 万枚，其中有 2419 枚击中了伦敦，造成 6184 人死亡，17981 人受伤。图 2.15 为 V－1 飞行炸弹轰炸后的场景。

图 2.15　V－1 飞行炸弹轰炸的后果

2.1.3　20 世纪 50—80 年代

1. QH－50 无人反潜直升机

冷战时期，苏联核动力潜艇数量不断增加，日趋活跃。由于美国建造护卫舰的速度不及苏联建造潜艇的速度，于是，美国海军试图通过改装在现代海战中已经落伍的老旧军舰来快速增强反潜能力。但老式舰艇没有足够的甲板空间容纳全尺寸的反潜直升机，因此美国海军试图开发一种能够携带一枚深水核炸弹或两枚鱼雷的小型无人直升机，并最终找到了美国 Gyrodyne 公司。Gyrodyne 公司曾为美国海军陆战队设计过一款名为 XRON－I 的单人轻型共轴直升机（图 2.16），旨在执行一些侦察任务或者救援任务。由于重量太大而没有被海军陆战队采用，不过其大小以及高承重能力却非常符合海军小型反潜无人机的需要。

图 2.16　XRON - I 单人轻型共轴直升机

　　基于 XRON - I 设计的 QH - 50 成为世界上第一种舰载无人反潜直升机（图 2.17），并在 1962 年开始进入美国海军服役，能够携带核武器成为它的一大亮点。大多数 QH - 50 用于反潜巡逻，部分 QH - 50 还在越南战争期间通过实时电视信号进行海军火炮校射。据说有一架还曾搭救过一名落水的海军陆战队队员。

图 2.17　QH - 50 无人反潜直升机

2. "火蜂"无人机

由于无人机具有不必考虑飞行员的疲劳和伤亡、成本相对较低等优势,并且随着照相机等早期侦察设备拍摄质量的提高,人们不再局限于无人机在靶机或自杀式攻击等方面的应用,而开始着眼于无人机在军事侦察中的应用。

20世纪50年代末,美国研制出可以执行侦察任务的"火蜂"无人机。它是世界上首架由涡轮喷气发动机推进的无人机,强大的动力系统使得它具备了良好的高空高速飞行性能,这让当时世界上其他无人机难以望其项背。"火蜂"能以1000千米/小时以上的速度飞行,续航时间可达75分30秒。在执行侦察任务时,"火蜂"无人机一般采用空中发射方式,由一架DC-130运输机携带4架"火蜂"无人侦察机到达指定地点后发射(图2.18)。它们依靠自身动力飞至目标区域完成侦察任务后返回指定区域,伞降着陆回收。

图2.18 DC-130运输机在机翼下携带2架"火蜂"无人机

越南战争期间,"火蜂"首次被派往战场,并在战争中大显身手,凭借其高空高速的优势对敌方进行侦察并获取了大量的战场情报。在越南战争的十余年间,"火蜂"共执行了几千架次任务,拍摄了数亿张照片,任务区域大部分是载人侦察机不宜前往的危险区域。图2.19为在地面维护的

"火蜂"无人机。

图 2.19　地面维护的"火蜂"无人机

2.1.4　20 世纪 90 年代至今

1. 贝卡谷地空战

冷战时期的美国虽然应用无人机取得了成功，但无人机在面对地面导弹和战斗机时依然脆弱，极易受到攻击。此时期的遥控导航技术尚未成熟，在越南战争结束后，无人机在美军眼中已经没有更大的发展潜力，其技术研发也被束之高阁。直到 1982 年，以色列接过了无人机技术发展的火炬，并取得了举世瞩目的成就。

1982 年以色列成功奇袭了贝卡谷地的叙利亚"萨姆 – 6"（图 2.20）导弹阵地。在这场战役中，无人机展现出优良的侦察和诱饵欺骗等功能，为战争的胜利发挥了重要作用，再次引起人们的注意。

"萨姆 – 6"导弹最大射程 25 千米，最大射高 10 千米，最大速度 2.2 Ma。该型导弹曾经在第四次中东战争中，凭借其优异的对空打击能力和抗干扰能力，使以色列空军遭受了严重的损失。此次战役前，叙利亚军队前后共计在贝卡谷地部署了 19 个"萨姆 – 6"导弹连，将防空网建设得固若金汤。

以色列空军经过仔细研究，终于发现了叙利亚军队防空网的漏洞，制定了

图 2.20 "萨姆－6"防空导弹

精妙的战斗方案。以色列首先派出"猛犬"无人机（图 2.21）作为诱饵。这些低成本无人机经过特殊改造，会发射和己方战斗机相似的雷达信号特征。它们成功欺骗了叙军。后者打开了全部雷达，开火迎敌，有的"萨姆－6"甚至一次发射完了全部导弹。

图 2.21 "猛犬"无人机

同时，以色列还派出"侦察兵"无人侦察机（图 2.22）收集叙利亚导弹阵地的雷达位置和信号频率，并立即把这些信息传输给早已等候在空中的E-2C"鹰眼"预警机。"鹰眼"预警机作为空中指挥站，立刻将信息传递给 F-4"鬼怪"战斗机。得到叙利亚导弹阵地雷达位置的"鬼怪"战斗机迅速发射 AGM-45"百舌鸟"反辐射导弹，对叙利亚军队的雷达系统进行精确打击。

图 2.22 "侦察兵"无人机

仅仅几分钟内，叙利亚军队的防空网络便宣告瘫痪。在叙利亚导弹阵地失去了"眼睛"之后，以色列部队的几十架 F-16 如恶狼般对叙利亚导弹阵地进行了疯狂轰炸。贝卡谷地被团团火光所笼罩，山谷中回响着爆炸的声音。

在打掉防空网后，以色列军队继续扩大战果，预警机、战斗机、攻击机在贝卡谷地上空上演了华尔兹般优雅的配合。最终，以色列军队完全摧毁了 19 个"萨姆-6"导弹连，击落了 82 架叙利亚战机，而己方无一损毁。这就是天空下的神话——1982 年贝卡谷地空战。

2. "捕食者"系列无人机

冷战后，随着卫星通信技术、微小型精确制导武器的发展和信息化军事变革的推进，航空强国开始了无人战机的研究。1993 年，美国空军开始论证未来无人作战飞机的必要性和可行性，开展了无人战斗机作战理论研究。

1994 年，美国通用原子公司制造了"捕食者"无人机。美国空军将其描述为"中海拔、长时程"（MALE）无人机系统，这也是美国第一架具备跨洋作战能力的无人机。该机于 1994 年实现了首次飞行并在 1995 年服役。"捕食者"无人机原代号是 RQ – 1（图 2.23），仅具备侦察能力。

图 2.23　侦察型"捕食者" RQ – 1 无人机

"捕食者"无人机设计之初并没有考虑安装武器，只能够在发现目标之后将信息传递给指挥中心，再由 F – 16 等战斗机对目标进行打击，中间的空档给了敌方逃跑的机会，严重降低了作战效率。一次次的"扑空"提醒人们或许应该在"捕食者"无人机上加装武器系统，使其在发现目标后就能立即攻击。

在卫星通信技术和精确制导武器的小型化技术的支持下，"捕食者"无人机很快就成功"武装化"——装备"地狱火"导弹，成为世界上第一款察打一体无人机，代号为 MQ – 1（图 2.24）。服役以来，"捕食者"系列无人机已经在阿富汗、巴基斯坦、伊拉克等地区执行多次任务，优异的表现很快令它名声大噪。

图 2.24　携带武器的"捕食者"MQ–1 无人机

3. "全球鹰"无人机

20 世纪末期，美国启动了"高空持久性先进概念性技术验证"（ACTD）计划。"全球鹰"无人机（图 2.25）作为计划的一部分开始了研发，旨在为未来的联合作战发挥远程侦察的作用。

图 2.25　"全球鹰"无人机

"全球鹰"无人机是拥有长时间飞行能力，能够开展情报搜集、侦察以及监视等功能的高空无人侦察机。其貌不凡，身体庞大，翼展甚至超过波音 747

飞机。"全球鹰"无人机的续航时间可达 32 个小时以上，航程长达 22 780 千米，可以从美国到达世界任何地方，是世界上航程最远的无人机。此外，"全球鹰"无人机也是世界上第一架得到美国联邦航空局（FAA）认证可以在美国民航飞机空域飞行的无人机。

"全球鹰"无人机曾参与过阿富汗战争和伊拉克战争，发挥的作用足以替代美国 20 世纪 50 年代叱咤风云但屡次被击落的高空侦察机 U－2。阿富汗战争的第一年，"全球鹰"的应用就已经有了显著的成效，美军官员认为"全球鹰"无人机是阿富汗战争中的"图像信息处理器"，其高空长航时的性能对于作战而言至关重要，使用非常成功。

2.2　无人机的现状

进入 21 世纪之后，随着无人机技术的持续发展，无人机变得更加多样化和专业化，逐渐形成了无人直升机、隐身无人机、长航时无人机、微型无人机、多旋翼无人机等系列，这里选出几个比较典型的代表予以简单介绍。

2.2.1　无人直升机

无人直升机自 20 世纪 60 年代诞生以来就在不停地更新换代。无人直升机属于垂直起降飞行器，具有垂直起降、空中悬停等功能，其起飞着陆场地比较小，不需要固定翼无人机那样复杂、大型的发射回收系统或起降跑道，应用方便。

近些年来，随着动力系统、飞行控制等技术的研究进展，无人直升机得到了迅速的发展，出现了一些十分出彩的无人机，例如美国的 MQ－8"火力侦察兵"无人机（图 2.26）。该无人机除了执行侦察、监视、通信中继等多项任务以外，也可以对敌进行火力打击，是真正的"空中多面手"。较之它的"前辈"——第一架舰载反潜无人直升机 QH－50，"火力侦察兵"执行任务所覆盖的范围也更广泛。

图 2.26　MQ-8 "火力侦察兵" 无人机

2.2.2　隐身无人机

隐身技术是提高飞机自身生存能力的重要手段之一。隐身飞机的设计主要是采取独特的隐身外形设计、S 形进气道等技术以及在机体上使用吸波、透波材料来降低雷达波反射强度，并且采用一些隔热、散热措施来降低发动机喷气的温度，从而减小自身的红外辐射，实现在雷达探测上的隐形，而并非肉眼不可见。

随着现代飞机隐身技术逐渐趋向成熟，这项技术也开始被应用到无人机领域中。例如，美国的 X-47B 无人机（图 2.27），外表十分光洁平滑，采用了背部 S 形进气道等隐形设计，拥有优良的隐身能力，代表美国隐身无人机的最新技术水平。

图 2.27　X－47B 无人机

2.2.3　长航时无人机

未来信息化战争的需求使得长航时无人机越来越受到人们的关注。一般认为持续飞行时间超过 24 小时的无人机就是长航时无人机，可以昼夜不间断地执行任务。

长航时无人机通常有较大的翼展和机翼面积，采用气动效率较高的翼型来保证升力，并且对动力系统以及其他机载设备都有较高的可靠性要求和低能耗要求，以确保其能够长时间稳定飞行。

与卫星相比，通常它的使用成本低得多，只有卫星成本的几十分之一。在执行任务时长航时无人机可以按照指挥员的意愿在选定的目标上空执行任务。长航时无人机的飞行高度低于卫星，获得的对地侦察图像的分辨率更高，还不易受到目标区域上空云层的影响。目前，世界各航空强国在积极研发长航时无人机，出现了一些性能良好、功能强大的长航时无人机。例如美国的"全球鹰"、以色列的"赫尔梅斯"（图 2.28）等。

图 2.28　"赫尔梅斯"无人机

2.2.4　微型无人机

中大型的无人机虽然有其功用,但是体积太大,在一些狭小的地方可能无法使用,并且在运输和携带方面也存在一定限制。因此,无人机的微型化也得到越来越多的关注。

微型无人机有着体积小、质量轻、隐蔽性好、机动灵活等优势,特别适合于小部队任务和巷战侦察,它的应用将会对未来信息化战场中的军事行动产生巨大影响。但是想在战场上实际应用微型无人机,仍然有许多技术难关需要突破。例如,无人机部件的微小型化是必须解决的问题,其中最大困难在于动力系统微型化。必须要使微型无人机在极小的体积内产生足够大的能量来为其执

图 2.29　"Snipe Nano"微型无人机

行任务提供动力，还要克服噪声和可靠性等问题。此外，微型无人机涉及低雷诺数的空气动力学也较为复杂，人们对这方面的研究还缺乏有效的理论指导。

2.2.5　多旋翼无人机

进入 21 世纪之后，操作简单、维护方便并且可靠性较高的多旋翼无人机在民用领域也开始大显身手，许多民营企业研发的多旋翼无人机作为消费级无人机已经为人们所熟悉。这些无人机体型小巧、易于操作、飞行稳定、拍摄清晰，受到广大摄影爱好者的追捧。中国深圳的大疆（图 2.30）以及法国的 Parrot 都是其中的成功代表。

图 2.30　大疆多旋翼无人机

2.3　中国无人机的发展

2.3.1　"北京五号"无人机

1959 年 2 月 8 日，中国的第一架无人驾驶飞机"北京五号"在北京首都机场成功首飞（图 2.31）。它自动飞上蓝天，空中依靠遥控链路控制，以一定的航线飞行，最后安全着陆，开拓了中国无人驾驶飞机的新篇章。

图 2.31　"北京五号"无人机

"北京五号"是北京航空学院（现北京航空航天大学）基于运 – 5 飞机改制的全自动化无人驾驶飞机，由北京航空学院文传源教授担任总设计师（图 2.32）。1957 年下半年，文传源提出研制无人驾驶飞机的总体技术方案。无人驾驶飞机研制计划经时任北京航空学院院长的武光报请周恩来总理同意后，于 1958 年 6 月 29 日在北京航空学院成立了无人驾驶飞机研究小组，形成了教师、工人、学生三结合的研究队伍。

在酝酿无人驾驶飞机研制方案时，首先遇到的问题就是无人机平台是自行设计，还是利用现成飞机改装。按

图 2.32　文传源教授

当时的条件和能力，要设计制造一架全新飞机，从技术到经费都是困难的。1958 年 3 月，经论证后认为，在运 – 5 的基础上进行改装较为稳妥和可行。因为运 – 5 是一种低速飞机，稳定性好，起降方便，便于在试验过程中进行观察和测试。图 2.33 为技术人员在给运 – 5 安装自动驾驶仪。

图 2.33　技术人员给运 – 5 安装自动驾驶仪

　　纵观"北京五号"的整个研究过程，与中国建国初期许多其他的科研项目一样，都是在"一无资料，二无经验，三无设备"艰难困苦的情境下摸索前进。"北京五号"研制过程中所需要造的上万个零件，除了电子管等采购零件，其他都是由北航师生在学校的加工间中制造的。在众多北航师生的艰苦奋斗之下，"北京五号"最后安装了改装后的苏制 AΠ – 5 自动驾驶仪等部件，于1958 年 7 月开始了试飞工作（图 2.34）。历经 7 个月，1959 年 2 月 8 日"北京五号"在首都机场完成了无人驾驶飞行表演，"北京五号"最终顺利完成了。

图 2.34　"北京五号"无人机试飞

2.3.2 "长空一号"无人机

20 世纪 60 年代,由于苏联援助的取消和专家的撤离,解放军空军试验用的苏联拉 – 17 无人靶机严重缺乏。国家下决心搞自己的无人靶机,从而促成了"长空一号"无人靶机(CK – 1)(图 2.35)的诞生。

图 2.35 "长空一号"无人机

"长空一号"是由南京航空航天大学研制的大型喷气式高亚音速无人机。该机采用了典型高亚音速布局,机身采用细长的流线型设计,机翼平直并拥有大展弦比,矩形的水平尾翼安装在垂直尾翼中部,发动机及进气道装在机身下部的吊舱内。"长空一号"采用一架可分离的发射车进行助推起飞(图 2.36),

图 2.36 "长空一号"无人机由发射车助推起飞

发射车内装有航向自动纠偏系统，确保在 1000 米滑跑距离内航向偏离维持在 30 米内，为"长空一号"的发射成功提供了保障。

但"长空一号"的降落显得略为笨拙。我国早期的无人机主要受苏联无人机技术影响，那时的苏联无人机一般不设计起落架，所以"长空一号"也没有起落架，而采取了硬着陆的回收方式（图 2.37）。但这种着陆方式对无人机的损耗特别严重，对使用费用、维护难度都有一些不利影响。

图 2.37 "长空一号"无人机硬着陆

"长空一号"可供导弹打靶或防空部队训练，经过适当改装之后也可执行大气污染监控、地形与矿区勘察等任务。但"长空一号"也有非常明显的缺点：高亚音速布局使其速度较慢，无法模拟高速目标，机体结构狭小，发动机占据了下方的主要空间，无法安装更多的设备，等等。因此用途单一。

2.3.3 "长虹一号"无人机（无侦－五）

20 世纪 60 年代越南战争时期，中国人民解放军击落数架美国的"火蜂"高空无人侦察机（图 2.38）。随后"火蜂"无人机的残骸被运到北京航空学院（现北京航空航天大学）修复并进行研究。不久，通过仿制"火蜂"无人机，"长虹一号"无人机（无侦－五）研制成功。

图 2.38　被击落的"火蜂"无人机

"长虹一号"无人机是一款高空、高亚音速多用途无人机，主要用于军事侦察、高空摄影、靶机或地质勘测、大气采样等任务。该机采用了国产"WP‑11"发动机，由运‑8E 作为母机进行空中投放（图 2.39），使用降落伞进行回收。主要机载设备包括光学照相机和电视/前视红外摄像机。在执行可见光照相侦察任务时，照相机镜头能绕其纵轴倾斜旋转或垂直向下，从五个照相窗口进行拍摄。

图 2.39　"长虹一号"无人机

"长虹一号"无人机的成功研制，是对美国多次侵犯我国领空的有力回应，也为我国后续无人机的发展打下了坚实的基础。

2.3.4　BZK-005无人机

BZK-005中高空远程无人机（图2.40）是北京航空航天大学和哈尔滨飞机工业（集团）有限公司研发的一种具备一定隐身能力的无人侦察机，也是中国第一款大型无人机，被称为中国的"全球鹰"。该机机长约10米，翼展可达20米，最大续航时间大于40小时，起飞重量约为1200千克，最大载重为150千克，可以携带一个大型光电吊舱执行侦察任务，具备数千公里的战略侦察能力。

图2.40　BZK-005无人机

该无人机最早在2006年珠海航展和2009年莫斯科航展上展出，在2015年9月3日中国抗日战争胜利70周年大阅兵中亮相。现已在中国人民解放军中服役，执行了大量侦察任务。

2.3.5　ASN-206无人机

ASN-206无人机（图2.41）是由西北工业大学西安爱生技术集团研制的一款多用途无人机。该机机长3.8米，翼展6米，最大起飞重量222千克，航程约150千米。飞机采用后推式双尾撑结构，避免发动机与螺旋桨遮挡侦察装置的视线。ASN-206 的设备包括相机、红外探测设备、电视摄像机、定位校射设备等，视频影像能够实时传输至地面，定位校射系统可以实时指标地面目标和校正火炮射击。

图 2.41　ASN-206 无人机

1996 年，ASN-206 获国家科技进步一等奖。并于同年在珠海国际航展上展出，现已投入批量生产。

2.3.6　"翼龙"系列无人机

随着美国等西方国家将无人机应用到军事打击之中，中国也加入察打一体无人机的研究潮流中，设计出"翼龙"系列等性能十分优良的无人机。

"翼龙"无人机是中国首款察打一体无人机。2005 年，成都飞机设计研究所决定研制一款具备较高技术水平的无人机。当时中国国内无人机的实用化研制并不多，所以，研制既能够执行侦察任务也能挂载武器具备打击能力的无人机，对于我国航空科研力量而言是一个巨大的挑战。

2007 年，"翼龙"原型机实现了首飞，而后于 2008 年完成性能/任务载荷飞行试验。现在我们看到的"翼龙"无人机模型实际都是最新的型号，与之前的无人机相比做出了一些改进，外观更加漂亮，性能更为完善。

美国媒体曾经就武器装备和作战能力方面评选出全球最致命的五款无人

机，其中大多数是美军无人机，包括 MQ–8B "火力侦察兵"、MQ–1C "复仇者" 等。"翼龙–2"（图 2.42）也入选其中，足见 "翼龙–2" 无人机的先进程度。

图 2.42 "翼龙–2" 无人机

目前 "翼龙" 无人机是军民两用，并且收到大量国外的订单，在国际上备受欢迎。其主要优势是物美价廉，可以与美国、以色列无人机执行相同的任务，但是价格却远远低于它们，单价只有 100 万美元左右。2018 年 12 月 25 日，"翼龙" 系列无人机实现了 100 架国际交付，创下了中国高端无人机出口纪录。

2.3.7 "彩虹" 系列无人机

"彩虹" 系列无人机是中国航天空气动力技术研究院在 2000 年进军无人机领域后研制的多种类型无人机。这些无人机的尺寸、起飞重量形成了完备的体系，在应用方面也包括侦察监视、攻击等多种功能。

彩虹–3A 无人机是侦察攻击一体化无人机，可用于侦察和对地面目标进行精确打击。彩虹–3A 无人机翼展 8 米，最大起飞重量 650 千克，最大任务载荷 180 千克，最大航时 15 小时，最大速度 256 千米/小时，最大升限为 7000 米。无人机可挂载光电侦察载荷和 2 枚空地导弹，也可挂装 GPS 精确制导炸弹对地攻击。

彩虹 - 4 无人机（图 2.43）是中空长航时侦察打击一体化无人机，可对地面和海上目标进行侦察和打击。彩虹 - 4 无人机翼展 18 米，最大起飞重量 1330 千克，最大续航时间 35 小时，最大载荷能力达 345 千克。无人机可挂载 4 枚空地导弹，攻击精度小于 1.5 米。

图 2.43　"彩虹 - 4" 无人机

彩虹 - 802 是一种超近程小型无人侦察机系统，采用手抛或弹射模式起飞，伞降回收，其起飞重量 6.5 千克，实用升限 4000 米，目标定位精度达 80 米，续航时间 1.5 小时，巡航速度 40 ~ 70 千米/小时。

2.3.8　大疆无人机

中国的民用无人机已经取得了不菲的成绩。不得不提的就是中国的大疆无人机（图 2.44），其价格实惠，操作方便，被誉为"无人机中的苹果"，占据了全球 70% 以上的市场份额，无论欧美等发达国家，还是亚非拉等发展中国家；无论是在航拍领域，还是在消防、巡逻等领域，都能够看到大疆无人机的身影。美国国防部曾于 2017 年下令禁用大疆无人机，在此禁令之前，美国海军陆战队已经购买了 600 台大疆无人机，而在 2018 年 8 月美国空军也出于对功能、运用成本的考虑，选择购买 35 台大疆无人机装备作战单位。

图 2.44　大疆"悟 2"无人机

2.3.9　物流无人机

　　近年来，中国无人机在物流领域也发挥越来越多的作用。物流无人机相比于常规的航空运输具有成本低、调度灵活等优势，并能弥补传统的航空运力空白，通过合理利用闲置的低空资源，可以有效地节约运输成本；相比于地面运输，具有方便高效、节约土地资源的优点。在一些交通瘫痪路段、城市的拥堵区域以及一些偏远地区，地面交通无法畅行，物流无人机的应用可以减少地面运输的时耗和

图 2.45　"迅蚁"物流无人机

成本。"迅蚁"物流无人机是国内物流无人机的代表（图 2.45）。它已经开始和中国邮政等单位进行合作以增加物流无人机运行线路，并且逐渐将业务扩展到人口密集的城市地区，同时重点构建服务于城市医疗急救领域的空中配送体系。

本章习题

1. "斯佩里空中鱼雷"能够自动驾驶的核心仪器是什么？请简述其原理。

2. "蜂后"无人机的出现对无人机的发展有什么意义？

3. TDR 无人机的制导原理是什么？

4. V – 1 飞行炸弹的制导原理是什么？

5. 请简述无人机在贝卡谷地空战中发挥的作用。

6. MQ – 1 "捕食者"无人机最大的特点是什么？

7. 隐身无人机是如何实现"隐身"的？

8. 长航时无人机通常具备什么特点？

9. 为什么选择在运 – 5 飞机的基础上来设计"北京五号"无人机？

10. "长空一号"无人机是如何起飞、着陆的？

11. 中国的察打一体无人机具有什么特点？

12. 结合本章内容查阅资料，试分析无人机的发展将会在哪些技术上实现突破？

参考文献

［1］Estrada M A R, Ndoma A. The uses of unmanned aerial vehicles-UAV's- (or drones) in social logistic：Natural disasters response and humanitarian relief aid［J］. Procedia Computer Science, 2019, 149：375 – 383.

［2］James Kightly. DH QUEEN BEE［J］. Aeroplane, 2017, 45 (11)：88 – 89.

［3］Zaloga S J. V – 1 Flying Bomb 1942 – 52：Hitler's infamous "doodlebug"［M］. Bloomsbury Publishing, 2011.

［4］W. Wagner, W. Sloan. Fireflies and other uavs (unmanned aerial vehicles)［M］. Midland Publishing, 1992.

［5］Rebecca Grant. THE BEKAA VALLEY WAR［J］. Air Force Magazine, 2002, 85 – (6)：58 – 62.

［6］子喻. 全球鹰无人机［J］. 百科探秘（航空航天），2018，（06）：20 - 21.

［7］Frew E W, Brown T X. Airborne communication networks for small unmanned air-craft systems［J］. Proceedings of the IEEE, 2008, 96（12）.

［8］Prior S D. The rise of the Micro Air Vehicle［J］. The Engineer, 2013.

［9］吕庆风.“长空一号”无人机系列的研制与发展［J］. 南京航空航天大学学报，1986（S1）：1 - 18.

第3章 无人机飞行原理基础

3.1 无人机飞行环境

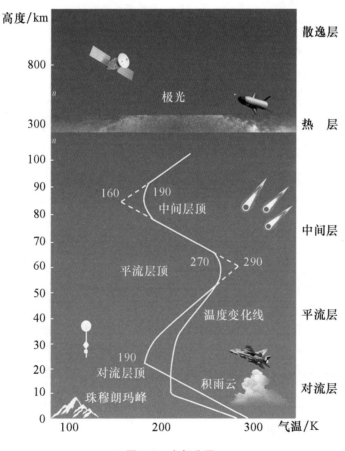

图 3.1 大气分层

无人机主要在覆盖地球表面的大气中飞行，只有了解和掌握了大气的基本知识，才能使无人机飞行得更加平稳和安全。大气在地球引力作用下聚集在地球周围，其总质量的90%集中在离地球表面15km高度以内。大气没有明显的上界，根据大气状态参数随高度变化的特点，将大气划分为对流层、平流层、中间层、热层和散逸层（图3.1）。

对流层是最低的一层，其温度随离地高度增加而降低，无人机主要在对流层中飞行。对流层高度随地区纬度、季节的不同而变化。赤道地区对流层的平均高度为18 km，中纬度地区约为11 km，而南北极地区对流层高度只有7~8 km。

3.1.1 大气状态方程

大气的状态参数主要包含压强 p、温度 T 和密度 ρ 这三个参数。对一定量的气体，压强 p、温度 T 和密度 ρ，这三个参数就可以决定它的状态，它们之间的关系可以用理想气体状态方程表示，即

$$p = \rho RT \qquad\qquad (3-1)$$

式中，T 为大气的绝对温度（单位：K），它和摄氏温度 t（单位：℃）之间的关系为 $T = t + 273$℃；R 为大气气体常数，其值为 287.05J/（kg·K）。

大气的状态参数随飞行高度的变化而变化，它们不仅对作用在无人机上的空气动力大小有影响，还会对无人机动力系统产生的推力大小造成影响。

3.1.2 标准大气

从上面的描述可知，大气的物理参数随地理位置、地形、季节的不同而变化，为了便于对在不同地区制造的飞行器的性能进行计算和比较，国际上建立了一个统一的标准，即国际标准大气。国际标准大气以北半球中纬度地区的大气物理参数的平均值为基础建立：假设空气是理想气体，满足状态方程，按照这个标准，不同高度上空气的压强、密度和温度便是一定的值，通常用国际标准大气表来表示（见表3.1）。

表 3.1　国际标准大气表（部分数据）

高度 （m）	压强 （Pa）	温度 （K）	密度 （kg/m^3）	声速 （m/s）	黏度 （×10^{-10}Pas）
0	101 325	288.15	1.2250	341	178 940
1000	89 876	281.65	1.1117	337	175 790
2000	79 501	275.15	1.0066	333	172 600
3000	70 121	268.66	0.9092	329	169 380
4000	61 660	262.17	0.8194	325	166 120
5000	54 048	255.68	0.7364	321	162 820
6000	47 217	249.19	0.6601	317	159 490
7000	41 105	242.70	0.5900	313	156 120
8000	35 651	236.22	0.5258	309	152 710
9000	30 800	229.73	0.4671	304	149 260
10 000	26 499	223.25	0.4135	300	145 770
11 000	22 699	216.77	0.3648	296	142 230
12 000	19 339	216.65	0.3119	296	142 160
13 000	16 576	216.65	0.2666	296	142 160

国际标准大气是以平均值加上一些假设制定的，因而各地的实际大气参数与国际标准大气之间会存在一定差别。

3.1.3　大气的特性

大气主要有三种特性，即连续性、黏性和可压缩性。

连续性是为了方便实际研究而做出的一种假设。由于在大气中气体分子的间距远小于飞行器的尺寸，因此在一般情况下研究飞行器飞行时，往往可以忽略气体分子间的距离，即把气体看作连续的介质，这就是空气动力学研究中的连续性假设。

黏性是空气在流动过程中表现出的一种物理性质，是空气分子做不规则运动的结果。由于黏性的作用，空气流过物体表面时，最靠近物体表面的空气分子会附着在物体表面，导致这一层空气的流动速度很低，离物体表面越远这种阻滞越小，空气的流速也会越大。远到一定距离后，空气的流动速度变得与自由流动的速度一样大。空气的黏性与温度有关，随着温度的升高，空气的黏性增加。

可压缩性是指当气体的压强改变时，其密度和体积随之改变的性质。不同形态的物质可压缩性差异很大。当压强增大时，固体和液体的密度和体积基本保持不变，因此一般认为固体和液体是不可压缩的。当空气的压强增加时，其体积减小，密度增大，所以说气体是可压缩的。一般在研究低速飞行时，为了研究方便，可以不考虑空气可压缩性的影响。

3.2　无人机空气动力学原理

3.2.1　相对飞行原理

相对飞行原理指的是，当无人机以某一速度在静止空气中作匀速直线飞行时，无人机与空气的相对运动规律和相互作用力，与无人机固定不动而让空气以大小相同、方向相反的速度流过无人机的情况是等效的。

根据相对飞行原理，在研究无人机的空气动力特性时，可以利用风洞进行实验。可以使用风扇或其他方法产生稳定的气流，实验时把无人机模型放在风洞的实验段，让气流流过模型表面，进行吹风实验。这样不需要真实飞行就可以获得与实际在空气中以相同速度、姿态飞行时相近似的空气动力特性结果。

3.2.2　连续性定理

对于不可压缩流来说，假如空气稳定、连续流过变截面管道，由于在流动时空气一直保持连续，则单位时间内流过同一个截面的质量就是恒定的。当流管变窄时，为了保持流量恒定，那么它的流速就会增加，以满足质量守恒原理，即流动速度与流过的截面面积成反比。如图 3.2 所示，气体流过管道时，根据连续性定理，流过管道 A_1 截面的气体质量应与流过 A_2 截面的气体质量相等。质量等于气体体积和密度 ρ 的乘积，体积为截面面积 A 乘速度 v 与时间 t （$t=1$）之积，即

$$\rho_1 v_1 A_1 = \rho_2 v_2 A_2 \qquad\qquad (3-2)$$

此时气体密度不变，式 3 – 2 可写为

$$v_1 A_1 = v_2 A_2 \qquad\qquad (3-3)$$

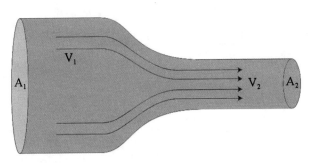

图 3.2　空气在变截面管道中的流动情况

3.2.3　伯努利定理

根据能量守恒定律，对于一定量物质，不论发生什么样的变化，其能量可以转换，但总能量始终保持不变。伯努利定理就是能量守恒定律在流体中的应用，是描述流体在运动的过程中流体压强和速度之间关系的流动规律。

对于空气来说，由于密度较小，一般不考虑其重力势能，所以低速运动的空气主要包含两种能量：一种是空气流动过程中空气本身实际具有的压力，称为静压；另一种是由于空气运动而具有的动压。根据能量守恒定律，这两种能量之和应保持不变。那么空气在变截面管道中流动时，如果忽略可压缩性和温度变化的影响，截面面积大的地方，空气流速慢（动压小），静压大；截面面积小的地方，空气流速快（动压大），静压小。这就是不可压缩流体的伯努利定理。

3.3　无人机的升力与阻力

无人机在空气中飞行时，空气流过无人机表面产生空气动力。升力主要靠无人机机翼产生，用来平衡无人机的重力。无人机机翼、机身、尾翼以及不可收放的起落架在飞行中都会产生阻力。阻力靠无人机动力系统产生的拉力或推力来克服。

3.3.1　无人机的翼型

无人机产生升力的主要部件就是机翼。而翼型是机翼的剖面（图 3.3），是构成机翼、尾翼的重要因素。翼型的选择对机翼的空气动力性能有重大影响。在各种飞行状态和给定的升力下，机翼和尾翼的气动特性应当保证机翼有最小的阻力与必需的安定性和操纵性。

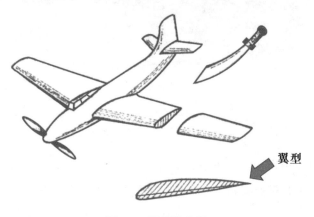

图 3.3　翼型的位置

翼型一般前缘圆钝、后端尖锐，上表面拱起、下表面较平，与一条鱼的侧面投影形状差不多。翼型的前端点叫前缘，后端点叫后缘，前后缘之间的连线叫作翼弦，翼弦与飞行方向或相对气流方向之间的夹角称为攻角（也叫迎角），如图 3.4 所示。

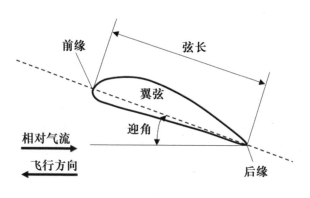

图 3.4　机翼翼型

翼型具有各种不同的形状，如图 3.5 所示。不同的飞机可采用不同的翼剖面形状。

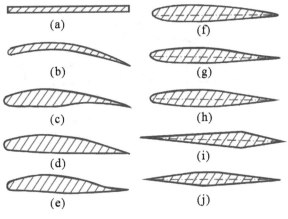

图 3.5　不同形式的翼型

例如，简易的模型飞机采用（a）型的平板翼型；（b）翼型是弯弓形状，一般用于早期的双翼机；（c）翼型适用于速度很低的飞机，目前已很少应用；（d）翼型在某些低速飞机上还有应用；一般无尾或飞翼布局飞机采用（e）翼型；（f）翼型广泛应用于活塞发动机的飞机；（g）翼型常用于速度较快的飞机上；（h）翼型常用于各种飞机的尾翼；（i）和（j）翼型常用在超声速飞机上。

3.3.2　升力

如果想在翼型上产生空气动力，就必须使之与空气产生相对运动。当机翼有一个不大的迎角时，空气流过机翼，气流被机翼分成上下两股，通过机翼后在后缘汇合成一股。由于机翼的翼型上表面突出、下表面平坦，当气流流过上翼面时流动通道变窄，气流速度增大，压强降低，并低于前方气流大气压；气流流过下翼面时，由于翼型前端上扬，气流受到阻挡，且流动通道扩大，气流速度减小，压强增大，高于前方气流的大气压。此时，上下翼面形成的这个压力差就是机翼产生的升力。如图 3.6 为翼型和作用在翼型上的空气动力。

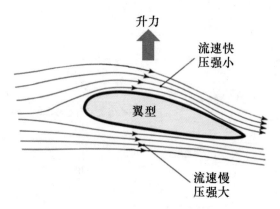

图 3.6　翼型和作用在翼型上的空气动力

机翼面积、相对速度、空气密度、机翼形状和飞行姿态等都会对升力的大小产生影响。升力用下式计算

$$L = \frac{1}{2}\rho v^2 S C_L \qquad (3-4)$$

式中，S 为机翼面积（m^2），机翼面积越大，升力越大。v 为机翼相对空气的运动速度（m/s），速度越快，机翼产生的升力越大，而且速度对升力的影响是二次的。ρ 为空气密度（kg/m^3），无人机飞行高度越低，机翼产生的升力越大。C_L 为升力系数，无人机的升力系数主要与机翼翼型相关，与机翼的平面形状也有一定关系，同时取决无人机飞行时机翼翼弦与相对气流速度矢量之间的夹角（迎角）的大小。

升力计算公式中的升力系数主要与翼型和迎角 α 有关。机翼翼型有对称和非对称翼型之分。对称翼型在迎角为零时不产生升力，要有一定的迎角才会产生升力；非对称翼型在迎角为零时也有升力产生，零升力迎角为负。在一定迎角范围内，随着迎角的增大，升力或升力系数会随之增大，如图 3.7 所示。当迎角增大到一个值（临界迎角 α_{cr}），气流就会从机翼最高点后开始分离，在翼面后半部产生旋涡（图 3.8），导致升力突然下降，阻力迅速增大，这种现象叫失速。

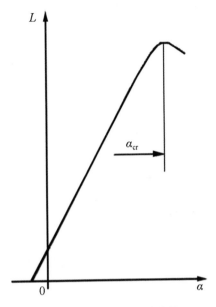

图 3.7　升力随迎角的变化

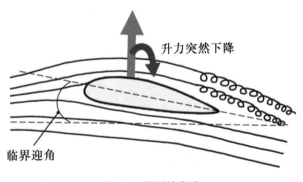

图 3.8　翼型的失速

3.3.3　阻力

无人机在空中飞行时,不仅机翼会产生阻力,其他部件也会产生阻力。按阻力产生的机理可分为摩擦阻力、压差阻力、诱导阻力和干扰阻力等。

1. 摩擦阻力

当两个物体相对滑动的时候,两个物体之间就会产生与相对运动方向相反的力，阻止两个物体的力就是摩擦阻力。当无人机在空气中飞行时，也会受到空气的摩擦阻力，它是由空气的黏性所造成的。

为减少摩擦阻力，一是要尽量减少无人机的浸润面积或无人机与空气的接触面积；二是把无人机的表面制作得尽量光滑，如图 3.9 所示。

图 3.9 表面光滑的无人机

2. 压差阻力

压差阻力是由于流过物体的气流在物体前后存在压力差导致的，物体前方压力大，后方压力小。压差阻力与物体的迎风面积有很大的关系。比如一块平板，平行于气流运动时产生的阻力小，垂直于气流运动时的阻力大，如图 3.10 所示。空气在平板前面产生的压力大，后面压力小，压差阻碍平板前进。

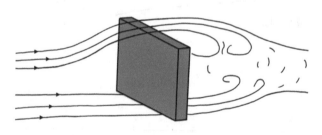

图 3.10 平板垂直气流运动情况

压差阻力的产生取决于物体的形状，但根本原理还是由于空气的黏性。比如空气流过一个圆球，如果空气没有黏性，圆球上下、前后、左右的压强分布相同，无压差。但由于空气的黏性，气流流过圆球表面时损失了一些能量，不能绕过圆球到后面去，于是产生了气流分离，如图 3.11 所示。这也会产生压差阻力。

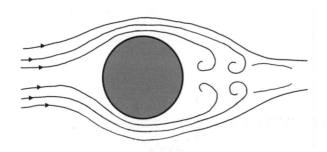

图 3.11　空气黏性造成压差阻力

　　减小压差阻力就要尽可能将暴露在空气中的各个部件或零件外形做成流线型，并减小迎风面积，如图 3.12。如给不可收放起落架和天线等加装流线型的整流罩（图 3.13）。

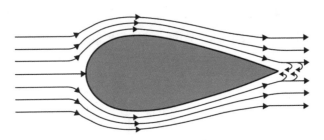

图 3.12　流线型减小压差阻力

图 3.13　具有流线型整流罩的无人机

3. 诱导阻力

无人机飞行时，机翼上下表面压强不同而产生升力。下表面压强大，上表面压强小。由于机翼的长度（翼展）有限，因此下表面压强大的气流就要绕过翼梢向机翼上表面的低压区流动，这样就会在翼尖处形成旋涡（图3.14）。

图 3.14　翼梢涡流

随着无人机向前飞行，翼尖处的旋涡就向后流去，产生一个向下的下洗流 ω。下洗流使机翼产生的升力向后稍微倾斜了一个角度，导致升力的合力 y' 在阻力方向的分量 D 增加。这部分阻力就叫诱导阻力，它是无人机产生升力附带来的，也叫升致阻力。图3.15为诱导阻力产生的原因。

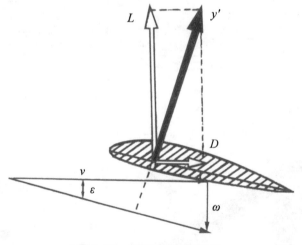

图 3.15　诱导阻力产生原因

如果机翼的展长是无限的，就不会有诱导阻力产生，因而减少诱导阻力的办法是增大机翼的展弦比。另外一种减小诱导阻力的办法是增加翼梢小翼，阻挡翼梢涡流，如图 3.16 为"冯如三号"的翼梢小翼。

图 3.16　"冯如三号"翼梢小翼

4. 干扰阻力

"干扰阻力"是飞机各部件组合到一起后由于气流的相互干扰而产生的一种额外阻力。这使得飞机的各个部件单独放在气流中所产生的阻力之和并不等于它们组合在一起所产生的阻力。

如图 3.17 所示，机翼和机身结合到一起时，机翼机身的连接处会形成一个先收缩后扩张的管道，气流流过时压强由小变大，导致后面的气流有往前流动的趋势，形成一股逆流。逆流与由通道不断流过来的气流相遇，产生旋涡，形成额外阻力。这一阻力由于气流相互干扰而成，故称干扰阻力。

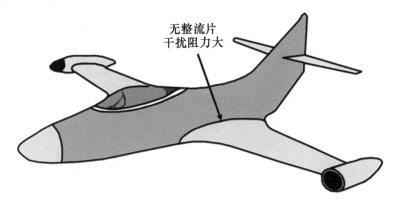

图 3.17　无整流片干扰阻力较大

要妥善布置各部件的相对位置，必要时部件之间加装流线型整流蒙皮，使连接处圆滑过渡，减少旋涡的产生，从而减小干扰阻力，如图 3.18 所示。

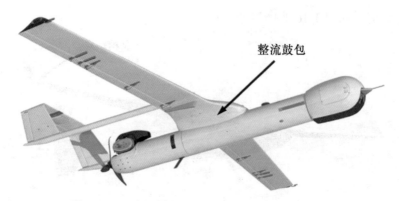

整流鼓包

图 3.18　无人机设计流线型整流鼓包减少干扰阻力

3.4　无人机飞行性能

3.4.1　飞行速度

1. 最大平飞速度

最大平飞速度是指飞机水平直线飞行时，在一定的飞行距离内发动机最大推力状态下，飞机所能达到的最大飞行速度，也是飞机能够飞多快的指标。

要提高无人机的最大飞行速度，一是要减小飞机的飞行阻力；二是要增大发动机的推力。

2. 最小平飞速度

给定高度上飞机的最小平飞速度为能稳定平飞的飞行速度，一般应大于飞机的失速速度。

3.4.2　航程

航程是衡量一架飞机能够飞多远的指标，是指在载油量一定的情况下，飞机以巡航速度（不进行空中加油）所能飞越的最远距离。提高航程的主要方法是减小空气阻力，增大升阻比，减小发动机的燃油消耗率。在飞机总重一定的情况下，减小结构重量，增加飞机载油量也可以增加航程。

3.4.3　升限

升限用来衡量飞机作水平飞行时所能达到的高度。这里说的升限是指飞机能够进行水平飞行的最大高度，称为静升限；实际中飞机还可以通过跃升的办法达到更高的高度（即用动能转换为势能），称为动升限。

无人机通常是不在升限附近工作的，而在低于甚至远低于升限的高度飞行。

飞行性能指标还有许多，如机动性能、续航性能、起飞着陆性能等，需要时可查阅相关参考书籍。

3.5　无人机操稳特性

一架无人机，除了需要产生足够的升力平衡重力、有足够的推力克服阻力以及具有良好飞行性能之外，还必须具有良好的稳定性和操纵性才能在空中飞行。无人机的操稳特性特别重要，可以说是其成功与否的关键。

3.5.1　无人机的坐标系

坐标系用来描述无人机的空间位置、速度、加速度、力和力矩等向量。为了描述清楚不同的飞机状态，根据不同的飞机运动模式，常采用不同的坐标系来定义各种参数。坐标系主要有：地面坐标轴系、机体坐标轴系、气流坐标轴系、航迹坐标轴系、半机体坐标轴系、稳定坐标轴系等。这些坐标系都是三维正交右手系。讨论无人机操稳特性时，采用机体坐标轴系作为参考坐标系（图 3.19）。

无人机绕机体横轴 O_y 的转动（称为俯仰运动）以及沿纵轴 O_x 和竖轴 O_z 的移动，是发生在无人机对称面内的运动，通常称为纵向运动；而无人机绕机体纵轴 O_x 的转动（称为滚转运动）和沿横轴 O_y 的移动，是发生在无人机横截面内的运动，称为横向运动；无人机绕竖轴 O_z 的转动（称为偏航运动）称为方向运动或航向运动。

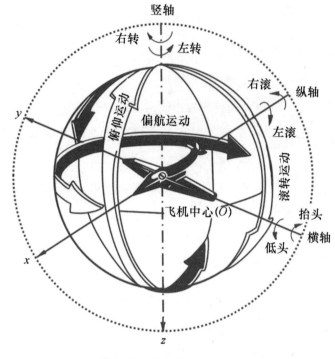

图 3.19　无人机机体坐标系

3.5.2　无人机的平衡

无人机在飞行时，所有作用于无人机的外力与外力矩之和都等于零的状态称为无人机的平衡状态。等速直线飞行是无人机的一种平衡状态。

按照机体坐标轴系，可以将无人机的平衡分为三个方向的平衡：纵向平衡、横向平衡和方向平衡。无人机在纵向平面内作等速直线飞行，并且不绕横轴转动（俯仰）的运动状态，称为纵向平衡。无人机作等速直线飞行，并且不绕纵轴转动（滚转）的飞行状态，称为横向平衡。无人机作等速直线飞行，并且不绕立轴转动（偏航）的飞行状态，称为方向平衡。平衡状态下无人机的升力和重力相等，推力和阻力相等，外力矩为零。

3.5.3　无人机的稳定性

无人机在飞行过程中，常常会碰到一些偶然的、瞬时作用的因素。例如突风的扰动或机载武器发射等，这些都会使无人机的平衡状态遭到破坏。在这种情况下，无人机运动参数的变化一般比较剧烈，会影响无人机的飞行安全，因此必须对无人机提出稳定性的要求。

所谓稳定性是指无人机在飞行中会不断受到各种外来因素（如突风或不稳定气流）的干扰，破坏了无人机原来的平衡状态；若干扰消除后，无人机有使自身恢复到原来平衡状态的能力。这种能力或特性就叫作无人机的稳定性，也称安定性。

根据机体坐标系，无人机的静稳定性也可分为纵向静稳定性、方向静稳定性和横向静稳定性。

1. 无人机的纵向静稳定性

飞行中，当无人机受到微小扰动而偏离纵向平衡状态，并在扰动去除瞬间，不经人员操纵就有自动地恢复到原来平衡状态的趋势，称无人机具有纵向静稳定性。

无人机重心和无人机焦点之间的相互位置，决定了无人机是否具有纵向静稳定性。无人机的重心若位于无人机焦点之前，无人机具有纵向静稳定性（图 3.20）；否则，无人机便不具备纵向静稳定性。但当前由于飞控系统的参与，许多无人机采用了静不稳定设计，以保证其机动性。

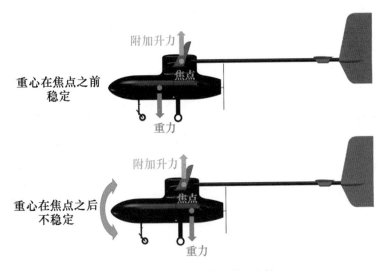

图 3.20　无人机的纵向静稳定性

2. 无人机的方向静稳定性

在飞行中，无人机受微小扰动而使航向平衡状态遭到破坏，并在扰动消失瞬间，无人机能不经遥控操作员操纵就有自动恢复到原来航向平衡状态的趋势，称无人机具有方向（航向）静稳定性。

无人机的方向静稳定性主要由垂直尾翼来保证。

3. 无人机的横向静稳定性

在飞行中，无人机受微小扰动而使横向平衡状态遭到破坏，并在扰动消失瞬间，无人机不经遥控操作员操纵就具有自动恢复到原来横向平衡状态的趋势，称无人机具有横向静稳定性；反之，就没有横向静稳定性。

保证无人机横向静稳定性的主要因素是机翼的上反角、后掠角和垂直尾翼。

3.5.4 无人机的操纵性

无人机不仅应有自动保持原有平衡状态的稳定性，而且还要求具有良好的操纵性。

所谓操纵性，是指无人机对飞控系统的操纵做出反应、改变飞行状态的特性，也就是无人机按飞控系统做各种动作的能力。操纵性的好坏与无人机稳定性的大小有密切关系。稳定性太大，无人机保持原有平衡状态的能力越强，要改变它就越不容易，操纵起来也就越费劲；稳定性过小，操纵所需要的力也很小，控制难度较大。所以要正确处理好稳定性与操纵性之间的关系。

无人机在空中飞行时的操纵，主要是通过三种操纵面——升降舵、方向舵和副翼来实现。飞控系统发出信号，无人机控制相应的舵机偏转这三个主操纵面，使无人机绕其横轴、竖轴和纵轴转动，从而改变无人机的飞行姿态。

同稳定性一样，无人机的操纵性同样可分为纵向操纵性、方向操纵性和横向操纵性。

1. 无人机的纵向操纵性

当飞控系统控制无人机偏转升降舵之后，无人机绕横轴转动而改变迎角、速度等飞行状态的特性，称为无人机的纵向操纵性。

　　无人机的纵向操纵，依靠位于机身尾部装在水平安定面后缘的升降舵来进行，无人机上的升降舵控制舵机与升降舵相连。在无人机稳定飞行的情况下，当要抬头爬升时，升降舵向上偏转，从而改变水平尾翼的弯度，使之产生一个向下的附加力。该力相对无人机重心产生一个使无人机抬头的力矩，在该力矩作用下无人机抬头，迎角增大，导致无人机的升力系数 C_L 加大，升力随之增加并大于无人机的重力，无人机开始爬升；反之，如果无人机低头下降，升降舵就向下偏转，使水平尾翼产生一个向上的附加力。该力相对无人机重心产生一个使无人机低头的力矩，在该力矩作用下无人机低头，迎角减小，导致无人机的升力系数 C_L 减小，升力随之减小并小于无人机的重力，无人机开始下降。

2. 无人机的方向操纵性

　　当飞控系统控制方向舵之后，无人机绕竖轴转动而改变其侧滑角等飞行状态的特性，称为无人机的方向操纵性。

　　无人机的方向操纵，依靠位于机身尾部装在垂直安定面后缘的方向舵来实现（图 3.21）。无人机原来处于方向平衡状态作无侧滑直线飞行，方向舵向右偏转，在垂直尾翼上产生向左的侧向力，该力在无人机重心形成机头向右转的航向操纵力矩，使无人机向左侧滑。

图 3.21　方向操纵

3. 无人机的横向操纵性

　　当飞控系统控制偏转副翼之后，无人机绕纵轴滚转或改变滚转角速度和倾斜角等飞行状态的特性，称为无人机的横向操纵性。

无人机的横向操纵，主要通过副翼来实现（图3.22）。无人机左副翼向上偏转，左翼升力减小；右副翼向下偏转，右翼升力增加，右翼升力大于左翼升力。左、右两边机翼升力之差对无人机纵轴形成的滚转力矩，使无人机向左滚转。

图3.22　副翼操纵

本章习题

1. 大气分为哪几层？

2. 什么是国际标准大气？

3. 什么是大气的黏性？

5. 空气的连续性定理和伯努利定理是什么？它们所代表的物理意义是什么？

6. 什么是翼型？什么是迎角？

7. 无人机升力是怎样产生的？

8. 无人机飞行时会遇到哪些阻力？试说明减小阻力的方法。

9. 什么是最小平飞速度？什么是升限？

10. 什么是无人机的稳定性？什么是无人机的操纵性？

11. 无人机纵向操纵、方向操纵、横向操纵都是如何完成的？

参考文献

[1] 万志强，王耀坤，王川.飞机为什么会飞？[M].北京：化学工业出版社，2014.

[2] 于坤林，陈文贵.无人机结构与系统[M].西安：西安工业大学出版社，2016.

［3］张聚恩，万志强，高静 . 空天工程通识 ［M］. 北京：北京航空航天大学出版社，2019.

［4］贾玉红，黄俊，吴永康 . 航空航天概论 ［M］. 北京：北京航空航天大学出版社，2013.

［5］万志强，朱斯岩 . 认识航空 ［M］. 北京：化学工业出版社，2013.

［6］昂海松，郑祥明，金海波 . 无人机系统设计导论 ［M］. 北京：科学出版社，2018.

第4章 无人机结构与材料

当前科学技术快速发展，对于无人机来说，要提升技术性能，满足多种应用场景的需求，结构和材料起着不可忽视的作用。更轻质的材料、更高的强度、更便捷的制造技术等，势必会成为无人机发展的关键核心技术之一。本章主要介绍关于无人机结构和材料两个方面的基本内容。

4.1 无人机结构概述

典型的无人机结构（图4.1）一般由机身、机翼、尾翼、起落架等部件组成。无人机相对于有人机，结构简单，重量轻，通常携带更大重量比的有效载荷和燃油，不需要考虑飞行员的生理承受能力，又要执行很多极限任务，因此其结构设计要求往往更为苛刻。例如美国"太阳神"无人机（图4.2），在飞

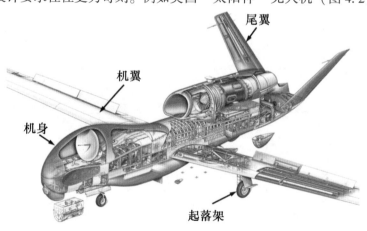

图4.1　无人机基本结构

行期间机翼承受了较大的载荷，导致机翼弯度发生了明显的变化。为了保证无人机的飞行安全并达到预期任务目标，设计人员需要对无人机的结构进行充分合理的设计。

图 4.2　机翼发生较大弯曲的"太阳神"无人机

4.1.1　作用在无人机上的外载荷

在无人机结构设计中，主要是选定各结构件的形式和剖面尺寸，此时必须先确定它所承受的载荷。各个结构所承受的载荷是由无人机的外载荷分解而来，因此，必须首先计算出结构所承担的外载荷。

外载荷是在飞行、起飞、着陆、地面停机等过程中，作用在飞机上的气动力、重力和地面支持力等外力的总称。外载荷的大小取决于飞机的重量、飞行性能、外形的气动力特征、起落架的减震特性以及使用情况等。

外载荷按照力的性质可以分为飞机重力、升力、阻力、发动机推力等（图 4.3）。飞机在起飞、着陆以及在地面运动时还有地面作用在前主起落架上的支持力和摩擦力。

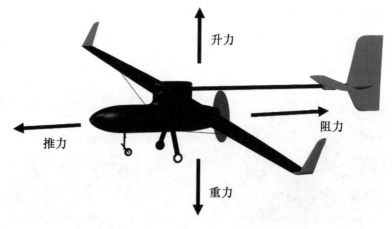

图 4.3 无人机的基本外载荷

4.1.2 机翼的外载荷与结构形式

机翼安装在机身上，是无人机重要的组成部分。主要作用是产生升力，安装发动机、起落架及油箱等，基本结构如图 4.4 所示。另外，机翼上还安装了操纵面，如副翼、襟翼等，对于维持无人机稳定性和操纵性具有重要作用。

图 4.4 机翼基本结构

1. 机翼的外载荷

以机翼为例，从理论来讲对于同种材料，其受力特性相同。在实际中由于受机翼形状、面积等影响，机翼各个部分所承受的载荷各不相同。在研究中通常可以将机翼近似看成杆件，并引入材料力学的研究方法，将杆件最基本的变形形式归为弯曲、扭转、剪切等。

当杆件受到垂直于轴线的外力（即横向力）或受到位于轴线所在平面内的力偶（即力偶矩矢垂直于轴线的力偶）作用时，杆件的轴线会变弯。此类变形称为弯曲变形（图 4.5），垂直于横截面的力偶矩称为弯矩。

弯矩是绕着翼展方向任意一点的弯曲力矩，发生在翼展方向所在平面内。弯矩由机翼的结构（主要是主梁）来承担。

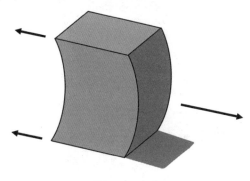

图 4.5　弯曲

杆件受到与轴线垂直的平面内的力偶作用，就发生扭转变形（图 4.6）。如机械中的转动轴、地质钻探用的钻杆、方向盘的操纵杆等。

扭矩是垂直于翼展方向的平面上的力偶产生的力矩，使机翼产生绕翼展轴向的转动。扭矩主要由机翼的长桁、腹板以及蒙皮承担。

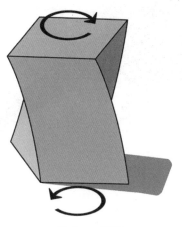

图 4.6　扭转

　　杆件在两相邻横截面处受到一对垂直于杆轴的大小相等、方向相反的力的作用，如剪刀剪物体一般，故称为剪切变形（图 4.7）。使材料发生剪切变形的力称为剪力或剪切力，发生剪切变形的面称为剪切面。

　　剪力是垂直于机翼截面方向的力，可以使横截面沿该外力作用方向发生相对错动的变形。剪力通常由机翼主梁承担。

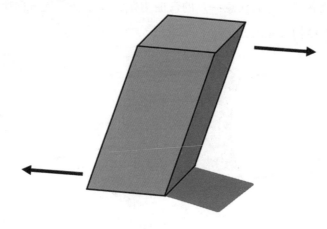

图 4.7　剪切

　　以上载荷综合起来，在机翼结构上产生弯矩 M、剪力 Q 和扭矩 T 三种形式的力，如图 4.8 所示。

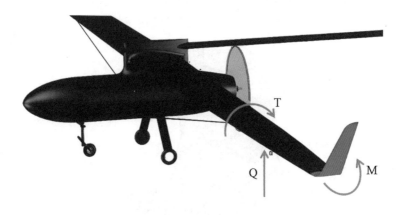

图 4.8　机翼上的弯矩、剪力和扭矩

飞机结构中其他更复杂的变形形式可以看成由这几种基本变形形式的组合，称为组合变形。根据载荷的分布情况，作用在机翼上的外载荷分为分布载荷和集中载荷两大类。

（1）分布载荷

分布载荷是机翼承受的主要载荷形式，一般指作用在机翼上的空气动力和其自身质量力，其中气动载荷占大部分。如图 4.9 所示，气动载荷直接作用在机翼表面上，形成翼展方向分布的升力，力的大小受机翼结构的影响。机翼结构重力是沿翼展方向分布的机翼自身的质量力，方向为竖直向下，数值比气动载荷小很多。

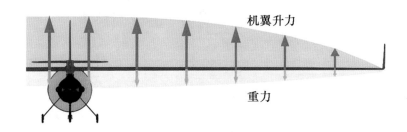

图 4.9　机翼上的外载荷

（2）集中载荷

集中载荷是由其他部件（起落架、发动机、各种载荷等）通过接头传给机翼结构的载荷，因一般集中作用在个别连接点上而称为集中载荷。机身、发动机传给机翼的质量力以及发动机产生的拉力都为集中载荷。

在讨论作用在飞机及其部件上的载荷大小时，通常用过载（过载系数）n 来表示。过载系数 n 的定义为：作用在飞机上的表面力的合力与飞机重力的比值。过载系数的正负取决于所受外力的方向。过载系数是飞机机动性能的重要指标。

过载主要是机翼的升力产生的。在平直飞行的情况下，飞机的升力与重力相等，此时过载为 1（图 4.10）；在飞机曲线飞行俯冲拉起时，升力需要大于飞机重力的径向分力，此时过载大于 1（图 4.11）；当飞机俯冲或快速爬升后改平时，机翼产生的升力小于重力，甚至可能产生反向的升力，此时过载小于1，甚至小于0。

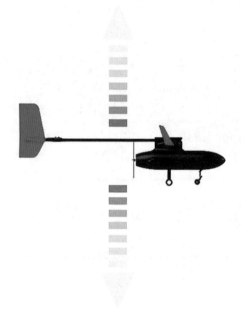

图 4.10 平直飞行时的受载情况

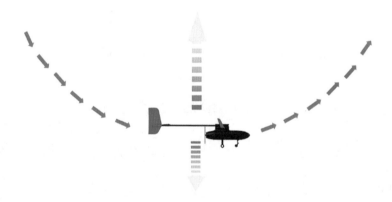

图 4.11 俯冲后拉起时的受载情况

2. 机翼的主要受力构件

机翼的主要受力构件包括纵向（沿翼展方向）结构、横向（沿气流方向或垂直于翼梁方向）结构、蒙皮和接头等。纵向结构有翼梁、纵墙和桁条；横向结构有普通翼肋、加强翼肋。整体布置如图 4.12 所示。

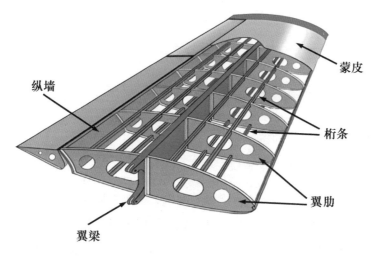

纵墙

蒙皮

桁条

翼肋

翼梁

图 4.12　机翼的结构

（1）纵向结构

①翼梁

翼梁是机翼的主要纵向结构构件，一般由腹板和凸缘组成。它承受大部分剪力与弯矩，在机翼根部与机身连接。

②纵墙

纵墙结构与翼梁类似，主要承受剪力。相对翼梁而言承受弯矩很小或根本不受弯矩，它通常布置在机翼的前后缘部分，与上下蒙皮组成封闭盒段承受扭矩。

③桁条

桁条作为纵向结构构件主要用于支撑蒙皮，提高蒙皮的承载能力。

（2）横向结构

①翼肋

翼肋分为普通翼肋和加强翼肋。普通翼肋用来维持机翼的剖面形状，支撑蒙皮、桁条。加强翼肋在普通翼肋的基础上局部加强，主要用于安装发动机、起落架等，承受较大的集中载荷，或者承受由于大开口导致的附加载荷。为了减轻重量、方便内部零件通过，翼肋上开有圆形或椭圆形减轻孔，避免应力集中。

②蒙皮

蒙皮是覆盖在机翼结构外侧的受力构件，维持气动外形，形成流线型的机翼外表面，承担机翼所受的空气动力载荷。

机翼利用上下蒙皮、翼梁及纵墙的腹板形成封闭盒段，具有很大的扭转刚度，可承受外载荷引起的扭矩。

3. 机翼的典型构造形式

机翼构造形式很多，它的发展是随着机翼载荷的提高而变化的，主要有蒙皮骨架式、整体壁板式和夹层式三种形式。实际工程中无人机的机翼构造形式灵活，可以是典型形式，也可以是几种类型的组合或介于典型形式之间的其他形式。

(1) 蒙皮骨架式

蒙皮骨架式机翼又称薄壁构造机翼，按照翼梁的数目不同分为单梁式、双梁式和多梁式机翼。梁式机翼的特点是由一根主梁承受飞行中的大部分剪力与弯矩，由桁条构成框架，由蒙皮维形的机翼（图 4.13）。为了承受较高飞行速

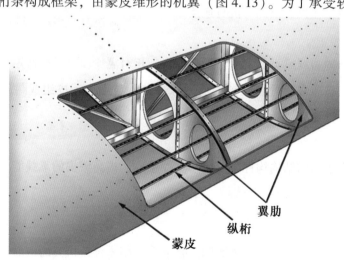

翼肋

纵桁

蒙皮

图 4.13　蒙皮骨架式机翼

度下的气动载荷，需要增加蒙皮的厚度以及桁条的数量，由此构成的壁板可以承受大部分弯矩，逐步替代梁的凸缘。凸缘退化为纵墙，由此产生了具有强桁、弱梁、厚蒙皮的单块式机翼。

（2）整体壁板式

整体壁板式机翼（图 4.14）是将蒙皮与纵向、横向骨架合并成上下两块整体壁板，用铆钉或螺栓连接，减重效果良好。整体壁板式结构具有强度大、刚性好、接缝少、表面光滑、气动外形好、零件少、装配容易等优势，有利于使用结构整体油箱，能有效利用机翼内部空间。

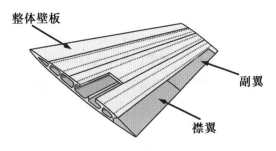

图 4.14　整体壁板式机翼

（3）夹层式

夹层式机翼主要是以夹层壁板作蒙皮，甚至纵墙和翼肋也是用夹层材料制造（图 4.15），为蜂窝夹层结构。夹层壁板依靠内外层面板承受载荷，很轻的夹芯对其起支持作用。夹层材料中充满空气和绝热材料，可以起到良好的隔热作用，能较好地保护其内部设备。与同样重量的单层蒙皮相比，夹芯蒙皮的强

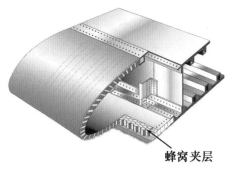

图 4.15　夹层式机翼

度大、刚度大，能承受较大的局部气动载荷，并有良好的气动外形。另外，还有泡沫实心夹层机翼的构造。这种结构的受力构件少、构造简单，通常用在较小的机翼、尾翼或舵面等部件上。

4.1.3 机身的外载荷与结构形式

机身是无人机的主体，其作用是装载货物、燃油等物品，固定机翼、尾翼、起落架等部件并受力，安装机载设备，并将飞机各部分联结成一个整体。一架飞机的机身可分为若干段，可根据需要调整每段的横截面形状，使其各有不同。段与段之间应均匀过渡，避免应力集中。

1. 机身的局部受力情况

机身的受力情况与机翼类似（图 4.16）。机身在飞行过程中主要受到分布的气动力，集中的机翼、尾翼、动力装置、起落装置传递的力，以及机身内部装载设备和结构的重力。

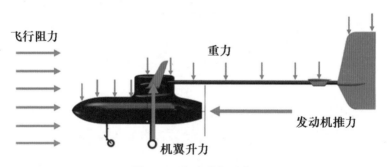

图 4.16　机身局部受力

对于不同的结构，具体受力情况不完全相同。硬壳式、桁梁式、桁条式机身的大部分弯矩、扭矩以及剪力均由蒙皮承受，桁梁桁条辅助承受弯矩。桁架式机身由桁架承受弯扭剪力，其余构件辅助承受空气动力。

2. 机身的结构及主要受力部件

现代飞机的机身结构与机翼类似，以纵向和横向划分。纵向是沿机身纵轴的方向；横向是垂直于机身纵轴的方向。

机身的纵向结构包括长桁、桁梁；横向结构包括隔框以及蒙皮。如图

4.17 所示。机身的结构功用相应地与机翼结构中的长桁、翼肋、蒙皮的功用基本相同。

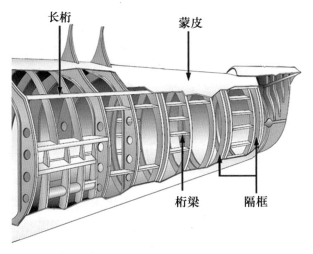

图 4.17　机身结构

（1）蒙皮

机身蒙皮在结构上的作用是构成机身的气动外形，并保持表面光滑。它承载局部空气动力，将载荷传递至机身骨架结构。

（2）隔框

维持机身横截面形状的结构称为隔框（与机翼中的翼肋作用类似）。隔框作为机身的横向受力结构件，分为普通框和加强框。

普通框主要用于维持机身的截面形状，承受蒙皮的局部载荷，对蒙皮和长桁起支持作用，且多为环形框。加强框除上述作用外，主要功用是将装载的设备和其他部件（如机翼、尾翼等）上的载荷，通过连接接头传递到机身结构上，将集中力分散，并传至机身蒙皮。

（3）长桁和桁梁

长桁作为机身结构的纵向构件，在桁条式机身中主要用来承受机身弯曲引起的轴向力，并对蒙皮有支撑作用，提高承压、抗受剪失稳的能力；另外承受部分作用在蒙皮上的气动力并传递给隔框。长桁的数量一般较多，分布较密。

桁梁的作用与长桁类似，截面面积大，纵向承载能力更强。一般数量较少，分布也较为稀疏。

3. 机身的结构形式

典型的机身结构有桁架式、蒙皮骨架式、整体壁板式以及夹层式。蒙皮骨架式机身根据其构件设计和受力特点分为硬壳式机身、半硬壳式机身；而半硬壳式机身又可分为桁梁式和桁条式两种形式。

（1）桁架式机身结构

在早期的低速飞机上，机身的承力构架通常用钢管或铝合金焊接而成。所有杆件承受拉压载荷，机身的剪力、弯矩和扭矩全部由桁架承受。

桁架是一种由直杆组成的一般具有三角形单元的平面或空间结构，主要承受拉力或压力，从而能充分利用材料的强度，减轻自重和增大刚度。

桁架式机身的抗扭刚度差，空气动力性能不好，飞行速度越大，空气阻力就越大，其内部容积也不易得到充分利用。目前仅在一些轻小型低速无人机上采用桁架式机身（图4.18）。

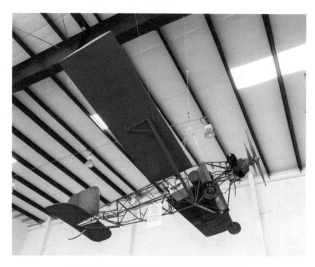

图4.18　采用桁架式机身的无人机

常用的桁架结构有普拉特式（N形桁架）和瓦伦式（W形桁架）两种。这两种形式都是围绕机身大梁搭建的桁架结构，承受大部分弯矩和扭矩。

（2）蒙皮骨架式机身结构

蒙皮骨架式机身与桁架式机身的区别在于，机身的蒙皮参与承受载荷，常采用金属蒙皮或复合材料蒙皮。如果蒙皮承受全部机身载荷，则称为硬壳式机身；如果蒙皮仅承受部分载荷，则称为半硬壳式机身。这类机身结构基本构件主要采用铝合金或镁合金材料。

①硬壳式机身结构

硬壳式机身结构没有纵向构件，由蒙皮与少数隔框组成（图4.19）。普通隔框和加强隔框维持机身截面形状，蒙皮几乎承受全部弯扭剪力。为了保证机身具有足够的强度和刚度，蒙皮较厚，使得机身重量偏大。这种机身的优点是结构简单，气动外形光滑（图4.20），内部空间可全部利用，刚度较大。

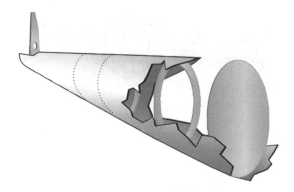

图 4.19　硬壳式机身

图 4.20　采用硬壳式机身的无人机

②半硬壳式机身结构

为了使机身结构的刚度满足高速度、大载荷的飞行需求，需要蒙皮与桁梁共同参与整个结构的受力。目前机身结构广泛采用金属蒙皮，蒙皮与隔框、大梁、桁条铆接起来，成为一个受力的整体，称为半硬壳式机身。

常见的半硬壳式机身通常采用桁梁式结构。桁梁式机身的梁本身没有腹板，是利用机身蒙皮当作腹板来承受载荷的，如图4.21所示。这种结构的机身由蒙皮承受全部剪力，弯曲引起的拉、压轴向力主要由桁梁承受，蒙皮和长桁则会辅助受力。这种形式的机身可以布置舱门等较大开口。

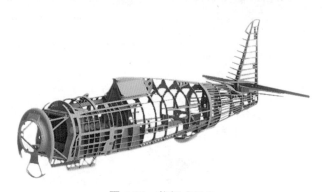

图4.21　桁梁式机身

此外还有桁条式机身结构（图4.22）。桁条式机身的主要特点为长桁较密、较强，蒙皮较厚、受力均匀。但是，这种机身由于没有强有力的大梁，不

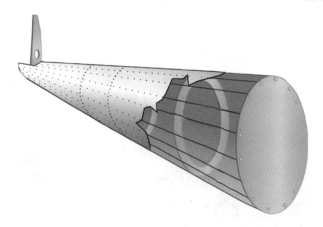

图4.22　桁条式机身

宜开大的舱口。如果要开口，必须在开口部位用专门构件加强。表4.1 总结了
机身结构的不同受力形式。

表 4.1　机身结构的承力部件

机身结构形式	弯矩	扭矩	剪力	空气动力
桁架式	桁架	桁架	桁架	隔框、桁条、蒙皮
硬壳式	蒙皮	蒙皮	蒙皮	蒙皮
桁梁式	桁梁、蒙皮、长桁辅助	蒙皮	蒙皮	蒙皮
桁条式	蒙皮与桁条组成的壁板	蒙皮	蒙皮	蒙皮、桁条

4.1.4　起落装置

　　无人机起落装置的功用是为无人机起飞、着陆和地面停放时提供支撑。它
可以吸收着陆冲击能量、减小冲击载荷、改善滑行性能、保护机身和机翼
结构。

　　无人机的起落装置常见的有机轮式起落架（图4.23）、滑橇式起落架（图
4.24）、浮筒式起落架（图4.25）等。另外，为考虑减小阻力、重量或特殊使
用环境等因素，有的无人机没有起落架，而采用弹射起飞、伞降回收等起落
形式。

图 4.23　机轮式起落架

图 4.24　滑橇式起落架

图 4.25　浮筒式起落架

1. 起落架的组成

典型的起落架由减震器、支柱、机轮、刹车装置以及收放机构等部件组成（图 4.26）。

图 4.26　起落架结构

（1）减震器

减震器的作用是吸收着陆和滑跑时的冲击能量，减小冲击载荷。

（2）支柱

支柱是用来承受地面各个方向的载荷并作为安装机轮的支撑部件。为了充分利用构件，减轻重量，减震器和支柱可以合二为一。

（3）机轮、刹车装置

机轮用于满足地面运动，有一定的减震作用。刹车装置安装在机轮上，以减小着陆滑跑的距离，同时利用左右机轮不同的刹车力可以使飞机在地面转弯，提高地面机动性。

（4）收放机构

收放机构用于起落架的收起和放下。飞行时收起起落架以减小空气阻力，着陆前放下起落架，收放机构必须同时具有固定支柱的功能，使支柱与机体成为一个整体受力的构件，以承受飞机着陆和滑跑中的载荷。

2. 起落架的布局形式

根据主起落架相对于飞机重心位置的不同，起落架在无人机上的布置主要有以下三种形式。

（1）后三点式

在无人机重心前并排安置两个主轮，尾部有一个较小的尾轮，如图4.27所示。20世纪40年代中期前，后三点式起落架在装有活塞发动机的飞机上曾得到广泛应用。后三点式的优点是在降落时与地面接触后有较大迎角，可以减小着陆后的滑跑距离；但其缺点是起飞着陆时不稳定，且容易发生倒立现象。现代飞机上除一些装有活塞式发动机的轻型、超轻型低速飞机外，基本不会使用这种后三点式的起落架。

图 4.27　采用后三点式起落架的 DH.82B 无人机

（2）前三点式

在无人机重心后并排安置两个主轮，前部有一个前轮，如图4.28所示。

图 4.28　Heron Y1011 前三点式起落架

前三点式的起落架优点是起飞着陆时的稳定性好，在滑行中不容易偏转；缺点是前轮可能会发生摆震现象，因此必须有减摆措施，这增加了前轮的复杂程度和重量。但更加稳定的优越性使前三点式起落架成为最广泛应用的起落架形式。

(3) 自行车式

自行车式起落架的两个主轮分别布置在重心前后，另有两个辅助小轮对称安装在机翼下面，以防止在地面停放时无人机倾倒或机翼触地，如图 4.29 所示。其优点是解决了部分飞机主起落架的收放问题；缺点是前起落架承受的载荷相对前三点更大，而使尺寸、质量增大。自行车式起落架主要用于不宜布置三点式起落架的无人机上，如倾转旋翼式垂直起降无人机。

图 4.29　美国贝尔公司 EagleEye 无人机自行车式起落架

4.2　无人机常用材料

无人机设计过程中为减轻结构重量，除了采用合理的结构形式之外，非常有效的方法是选用强度高、刚度大而重量轻的材料。

无人机结构使用的航空材料种类很多，一般可分为金属材料（合金、结构钢等）、非金属材料（陶瓷、橡胶、涂料等）以及复合材料。表 4.2 为无人机常用材料的物理性能及特点。

表 4.2 无人机常用材料的物理性能

品种		密度	特点	应用部件
金属材料	铝合金	2.8g/cm^3	塑性好,耐腐蚀性好,低温性能好	机身
	镁合金	1.75—1.9g/cm^3	强度较高,加工性能优良,耐腐蚀性差	轮毂、发动机齿轮、机匣、油泵等
	合金钢	7.9g/cm^3	强度较高,性能稳定,价格低,耐腐蚀性好,低温性能好	承受大载荷的接头、起落架和机翼大梁等
	钛合金	4.5g/cm^3	强度较高,优异的抗海水腐蚀性能和超低温性能,耐热性好,价格昂贵	发动机或高速飞行无人机的结构件
非金属材料	塑料	0.8—1.3g/cm^3	密度低,抗冲击,抗疲劳性能好,尺寸稳定性好,是优良的电绝缘材料和热绝缘材料	耐磨件,在腐蚀介质中用作密封件、衬垫
复合材料	玻璃纤维增强材料(玻璃钢)	2.0g/cm^3	强度高,刚度较低	低速、长航时无人机
	碳纤维	1.45g/cm^3	刚度较强	作为增强材料与树脂、金属、陶瓷等复合,用于制造先进复合材料
	凯芙拉	1.44g/cm^3	强度高,刚度高	固体火箭发动机壳
	陶瓷基复合材料	2.0—4.0g/cm^3	密度低,强度高,耐腐蚀,耐高温	涡轮发动机叶片

4.2.1 金属材料

金属材料是航空器中使用最为广泛的材料,包括纯金属及其合金。纯金属大多力学性能较差,很难满足设计需要,因此很少使用,而选用强度更高、抗高低温、耐磨损性能更好的合金材料。金属材料具有较大的强度、刚度以及较好的冲击韧性，加工工艺较为完善。金属材料多用在发动机以及大梁等关键部位。常用金属材料如下。

1. 铝合金

铝合金在无人机结构中应用广泛，如图 4.30 所示。铝合金作为一种轻金属，具有较高的比强度和比刚度。铝合金密度约为 $2.8g/cm^3$，是钢的 1/3；而强度约为普通钢的 1/2，有很好的可塑性。此外，铝合金还具有良好的耐腐蚀性和低温性能，且价格相对低廉。铝合金广泛用于机身等部位。

图 4.30　铝合金

2. 镁合金

镁合金的密度较铝合金更小，约为 $1.75—1.9g/cm^3$，比强度和比刚度与铝合金和合金钢相当。镁合金的机械加工性能优良，但耐腐蚀性较差，适合用于制造承力较小、壁厚较大的零件，如图 4.31 所示。镁合金在潮湿的空气中

图 4.31　镁合金

容易氧化腐蚀，因此在零件使用前，表面需要经过化学处理或涂漆，加上一层保护膜以隔绝空气。镁合金多在无人机轮毂、发动机齿轮、机匣、油泵、油管、摇臂、襟翼、舱门等部位使用。

3. 合金钢

在含铁、碳的钢中加入硅、锰、镍等合金元素就产生了合金钢。合金钢主要包括高强度的结构钢和耐高温腐蚀的不锈钢，如图4.32所示。高强度结构钢具有较高的比强度，工艺简单，性能稳定，价格低廉，适合制造承受大载荷的接头、起落架和机翼大梁等构件。

图 4.32 合金钢接头

不锈钢具有良好的耐腐蚀性和耐低温性，可以制造存放液氢、液氧的容器。耐高温的不锈钢还是制造发动机的主要材料。由于不锈钢中合金含量较高，因此价格也比普通结构钢高得多。

4. 钛合金

钛合金被称为21世纪最重要的金属材料，自70多年前诞生就被运用在高端领域，如航空发动机、作为医用金属植入人体或当作阻燃材料等。钛合金的密度较小，约为4.5g/cm³，强度和使用温度介于铝和钢之间，但比铝、钢强度高，并具有优异的抗海水腐蚀性能和超低温性能。钛合金具有较高的耐热性，工作温度可达400～550℃，在该温度下的比强度明显优于耐热不锈钢。钛合金因加工成型困难，目前价格比较昂贵。钛合金主要用于制作高超声速无人机、发动机、火箭、导弹等参与高速飞行的结构件。如图 4.33 为采用钛合金材料制造的 D – 21 高速无人机。

图 4.33　采用钛合金材料的 D – 21 高速无人机

4.2.2　非金属材料

非金属材料主要包括除金属材料、有机高分子材料以外的几乎所有材料。这些材料主要有玻璃、水泥、耐火材料以及氧化物陶瓷、非氧化物陶瓷、金属陶瓷等新型材料。无机非金属材料来源丰富、成本低廉、应用广泛，具有耐高温、高硬度、抗腐蚀等优良的性能；主要缺点是抗拉强度低、韧性差。非金属材料应用广泛，例如陶瓷因耐高温的特性被用于发动机，石英材料被用在航空航天领域的自动控制系统等。

还有一种重要的非金属材料就是塑料。塑料密度低、抗冲击、抗疲劳性能好、尺寸稳定性好，在无人机上主要用作一般结构件。另外，塑料是优良的电绝缘材料和热绝缘材料，还具有一定的耐磨性，可用作无人机上的耐磨件，或在各种腐蚀介质中用作密封件、衬垫等。塑料的种类繁多，在无人机设计选材时，要根据飞机各部位的使用要求合理选择不同特性的塑料。

4.2.3 复合材料

复合材料在无人机上应用广泛。它的密度低，比强度、比刚度很高，抗疲劳性能、减震性能和工艺成型性能都很好。此外，复合材料还可以加入吸波、透波性能的纤维材料、无机颗粒或者喷涂隐身材料，或通过处理各连接实现降低雷达反射信号的效果。

先进无人机中复合材料用量可占机体结构总重的50%~80%，采用复合材料的无人机可以减重25%~30%，同时可满足无人机的高隐身性能，提高寿命周期。

以美国诺斯洛普公司研制的 X-47B 无人攻击机为例，它是世界上第一款可以从航母起飞并自行降落的隐形无人机。X-47B 的机翼蒙皮由碳纤维/环氧复合材料组成（图4.34），在有效减轻结构重量的同时还可以减小机翼表面缝隙，具有优异的隐身性能。

图 4.34 X-47B 无人机

1. 玻璃纤维增强材料

玻璃纤维增强材料（俗称"玻璃钢"）是较为普遍的复合材料，如图4.35所设计。其比强度约为铝合金的3倍，但相对刚度较低，约为铝合金的50%，在低速、长航时无人机方面应用较为广泛。另外，由于玻璃纤维材料较好的透波性，无人机的雷达罩、天线罩等部件应用较多。图 4.36 为采用玻璃钢制作的无人机机头罩。

图 4.35　玻璃纤维

图 4.36　采用玻璃钢制作的无人机机头罩

2. 碳纤维

碳纤维在航空航天领域得到广泛应用。碳纤维（图4.37）具有耐高温、抗摩擦、导电、导热及耐腐蚀等特性，呈纤维状，柔软，可加工成各种织物，具有较强的比强度和比模量。碳纤维主要作为增强材料与树脂、金属、陶瓷等复合形成先进复合材料结构件（图4.38）。

图4.37 碳纤维

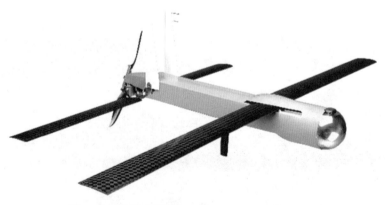

图4.38 采用碳纤维复合材料制造的无人机机翼

3. 凯芙拉

凯芙拉复合材料在军事领域被称为"装甲卫士"，是以凯芙拉纤维（一种芳纶纤维）作为增强体、树脂作为基体的复合材料（图4.39）。其约为强度较高的玻璃纤维的 1.8 倍，刚度约为玻璃钢的 2 倍，用它制造的固体火箭发动机壳体比玻璃纤维轻 35% 以上。

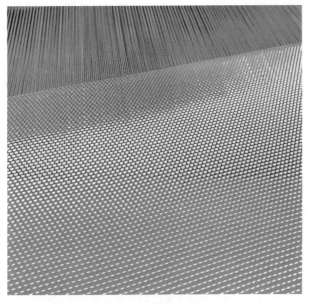

图 4.39　凯芙拉

本章习题

1. 典型无人机结构包含哪些部件？

2. 外载荷按照力的性质可以分为哪些？

3. 作用在机翼上的外载荷可以大体分为哪些？

4. 机翼的主要受力构件包括哪些？

5. 翼梁一般由什么构成？主要承受什么载荷？

6. 翼肋有什么作用？机翼的蒙皮有哪些作用？

7. 整体壁板式机翼有哪些优势？

8. 机身横截面的理想形状是什么形状？现实一般采用什么形状？这是出于什么考虑？

9. 机身的纵向结构包含哪些部件？

10. 桁条式机身的主要特点有哪些？与桁梁式机身相比，其更适合哪些情形？

11. 无人机的起落装置有什么作用？常见的起落装置有哪些？

12. 无人机常用的复合材料有哪些？它们分别具有什么特点？

13. 你觉得设计无人机结构最大的难点在哪里？

14. 飞机结构设计中，是否使用复合材料越多，飞机结构的性能就越优秀？阐述你的理解。

15. 你认为目前最有发展潜力的飞机材料是什么？

参考文献

[1] 贾玉红，黄俊，吴永康. 航空航天概论 [M]. 北京：北京航空航天大学出版社，2013.

[2] 单祖辉. 材料力学 [M]. 北京：高等教育出版社，2016.

[3] 汤黄华. 飞机过载与过载表的指示 [J]. 洪都科技，1996 (3)：5.

[4] 刘国方，张朝发，李焕喜，等. 大型飞机机身结构的特点与选材 [C]. 大型飞机关键技术高层论坛暨中国航空学会 2007 年学术年会论文集. 2007.

[5] 贾玉红，郭可谦. 飞机起落架的发展 [C]. 第一届中日机械技术史国际学术会议. 1998.

[6] 姚卫星，顾怡. 飞机结构设计 [M]. 北京：国防工业出版社，2016.

[7] 陈德厚，刘才穆. 航空航天飞机结构材料的应用及发展 [J]. 材料工程，1989 (06)：4-9.

第5章　无人机动力系统

无人机动力系统犹如无人机的心脏，为无人机提供维持其飞行的动力，是实现无人机飞行性能的关键系统。从电动机、活塞发动机、涡轮喷气发动机到新型动力系统，每一种动力系统的诞生都对无人机的综合性能产生了深刻影响。

本章对无人机动力系统进行宏观介绍，介绍其分类、基本原理、系统组成及应用情况等。

5.1　电动动力系统

电动动力系统是指电动机根据控制信号将动力电源中存储的电能转换为机械能，为无人机提供动力的系统。电动动力系统是无人机普遍使用的一种动力系统，其核心是电动机。另外，为形成可控和稳定的动力，还需要电子调速器、电池和螺旋桨等。

电动动力系统相对燃油发动机，优点是噪声小、热特征较小、工作稳定、启动便捷。中小型无人机因为成本较低、功率较小和使用便利性的要求，多使用电动动力系统。

电机主要有两种，即永磁式直流有刷电机（简称有刷电机）和交流无刷电机（简称无刷电机）。

5.1.1　有刷电机

有刷电机（图5.1）的工作原理为电磁感应定律，其内部结构如图5.2所示。有刷电机有两个很重要的零件——换向器和电刷。换向器在转子带动线圈的过程中改变线圈中电流的流向，直流电源则通过电刷给换向器供电。

图 5.1　有刷电机

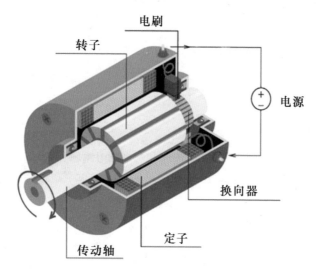

图 5.2　有刷电机内部结构

有刷电机原理和结构都比较简单，生产加工比较容易，成本较低，而且有刷电机依靠的是直流电，所以控制也较简单，只需改变电流或电压即可。但是电刷和换向器之间有摩擦，导致有刷电机效率较低而且容易发热，过多的摩擦还会导致电刷损坏，因此使用寿命较短。另外，电刷和换向器在高速频繁摩擦的过程中会产生电火花，对无人机机载设备会产生干扰。

5.1.2　无刷电机

无刷电机的工作原理和有刷电机类似，只不过无刷电机将转子变成被磁化的永磁体。在定子上缠绕线圈，在转子转动的过程中通过改变定子线圈的电流流向来改变线圈产生的磁场方向，从而驱动转子持续稳定运转。无刷电机具有功率大、工作效率高、不易发热等优点，并且由于不使用电刷，不存在电刷和换向器之间的摩擦，因此无刷电机的使用寿命也大大提高。现在绝大多数电动无人机应用的都是无刷电机。

无刷电机分为外转子无刷电机和内转子无刷电机，区别是它们的旋转部件分别是外壳和内芯。外转子无刷电机具有扭矩大、转速相对较低的特点，适合直接驱动直径和螺距较大的螺旋桨（图 5.3）。内转子无刷电机转速较高，但扭矩较小，因此通常搭配减速器使用（图 5.4），从而将电机的转速降低到需要的转速，同时增大扭矩。

图 5.3　直接驱动螺旋桨的外转子无刷电机

图 5.4　装备减速器的内转子无刷电机

5.1.3　电子调速器

电动机的驱动和速度调节是由电子调速器（简称电调）（图5.5）控制的。电子调速器需要分别连接电机、电源和接收机，连接方式如图5.6所示。电调接收来自接收机或飞控的信号控制电动机，电源则为电子调速器等装置提供电能。

图5.5　电子调速器

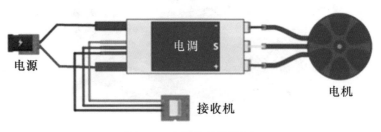

图5.6　电调连线示意图

5.1.4　电池

电池是为电机提供能量的装置。电池的选择要考虑诸多因素，一般无人机使用的电池需要满足以下几个条件：输出电流高、重量轻、能量密度大、可靠性高、安全性高和寿命长。无人机动力电池有镍铬、镍氢、锂铁等多种电极材料，现在中小型无人机多采用锂聚合物电池。

锂聚合物电池（图5.7）是一种充电电池，英文简称为"Li-po"。它主要依靠锂离子在正极和负极之间移动来工作。与镍系电池和铅酸蓄电池相比，锂聚合物电池的充放电性能更好，并且电池记忆效应也小。锂聚合物电池通常由数个相同的电池芯并联来增加放电电流，或由数个电池包串联来增加可用电压。

图 5.7　锂聚合物电池

锂聚合物电池具有重量轻、容量大、输出电流大等特点。但锂聚合物电池易自燃，在使用过程中一定要注意安全，避免短路和过充，以免起火甚至发生爆炸，因此锂电池在存放时应放入专用的防爆箱。

5.1.5　螺旋桨

螺旋桨是将发动机转动力转化为推进力的装置，由桨叶和中间的桨毂组成。桨叶可看作有扭转角的细长机翼安装在桨毂上，桨毂与发动机轴相连并带动桨叶旋转。螺旋桨有两个关键参数——直径和几何螺距。通常可按照直径和螺距订购螺旋桨，单位是英寸，如图 5.8 所示。螺旋桨上的参数标注为 24×10 时，表示该桨直径为 24 英寸（60.96 厘米），几何螺距为 10 英寸（25.4 厘米）。

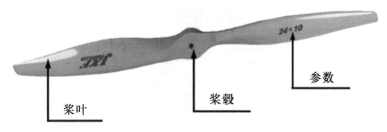

参数

桨毂

桨叶

图 5.8　螺旋桨

螺旋桨可以由多种材料制造，比如塑料螺旋桨、木制螺旋桨、复合材料螺旋桨，大型无人机还有金属螺旋桨。

5.2 活塞动力系统

活塞式发动机属于内燃机，它通过燃料在气缸中燃烧，将内能转变为机械能。由于化石燃料的能量密度较高，活塞动力系统的燃油经济性较好，且成本较低，因此活塞动力系统在中大型、低速、长航时无人机等方面均有较为广泛的应用。按工作循环来分，活塞式发动机主要分为二冲程发动机和四冲程发动机。

5.2.1 二冲程发动机

二冲程发动机（图 5.9）结构相对简单，由火花塞、活塞、连杆、曲轴等构成，其结构如图 5.10 所示。

图 5.9 二冲程发动机

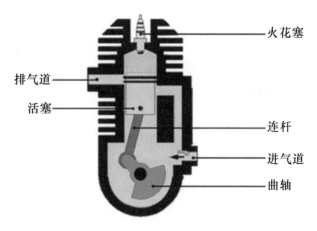

图 5.10 二冲程发动机结构图

二冲程发动机的一个工作循环包含两个冲程，如图 5.11 所示，它在第一个冲程中完成压缩和进气过程，在第二个冲程中完成燃烧和排气的工作。同时二冲程发动机的主轴每转一圈点火一次，就赋予二冲程发动机较大的功率，但二冲程发动机能量利用不完全，相对于四行程发动机其燃油经济性较差。

| 压缩 | 进气 | 燃烧 | 排气 |
| 第一冲程 | | 第二冲程 | |

图 5.11　二冲程发动机工作流程图

总的来说，二冲程发动机结构简单、运动部件少、重量轻、转速高、维护性好；缺点是噪声、污染和耗油率较高、寿命短、工作效率低，所以主要用于靶机和小型低速无人机上。例如美军的 RQ – 2 无人机（图 5.12）就采用了 ZF Sachs 二冲程发动机（图 5.13）。

图 5.12　装有二冲程发动机的 RQ – 2 无人机

图 5.13　ZF Sachs 二冲程发动机

5.2.2　四冲程发动机

四冲程发动机（图 5.14）相比于二冲程发动机有更加复杂的进气系统，由进气阀和排气阀控制气体的进入和排出。发动机的一个工作循环包含四个冲程，分别是进气冲程、压缩冲程、做功冲程和排气冲程。

图 5.14　四冲程发动机

在进气冲程，发动机的进气阀打开，活塞向下移动，外界气体被吸入。之后进入压缩冲程，吸入的气体被压缩，压强变大、温度升高。当压缩接近上止点时，火花塞点燃可燃混合气，燃烧后的气体膨胀推动活塞，带动连杆曲轴转动并向外输出机械能，这便是做功冲程。最后的排气冲程活塞向上运动，废气被排出。至此，完成了四冲程发动机的一个完整工作循环，如图 5.15 所示。

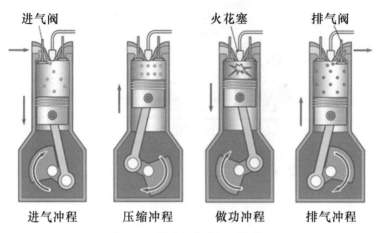

图 5.15　四冲程发动机工作循环

相对于二冲程发动机，四冲程发动机结构复杂、成本高、重量大；但排气污染低、振动小、工作效率高，常用于中型无人机。此外四冲程发动机还可以与增压器组合，提高最大飞行高度。美国的 MQ – 1 "捕食者" 无人机（图 5.16）使用的便是 Rotax 四冲程活塞发动机（如图 5.17）。

图 5.16　MQ – 1 "捕食者" 无人机

图 5.17　Rotax 914F 四冲程发动机

5.3　空气喷气动力系统

螺旋桨在高速飞行时效率会急剧下降，不适于进行高速飞行。一些对飞行速度有较高要求的无人机，使用燃气涡轮发动机或冲压发动机为其提供动力。本节将对几种主要的空气喷气发动机进行简单介绍。

5.3.1　涡轮喷气发动机

涡轮喷气发动机（简称涡喷发动机）主要利用了牛顿第三定律，即气体从发动机喷出，形成的反作用力助推飞行器向前运动（图 5.18）。喷气速度越高，产生的推力也就越大。

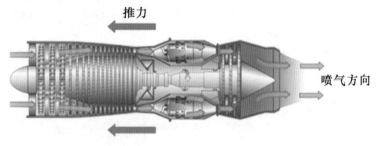

图 5.18　发动机喷气示意图

涡轮喷气发动机主要由进气道、压气机、燃烧室、涡轮轴、涡轮和尾喷口组成（图 5.19）。其中，进气道的主要作用是调整进入发动机的气流，为后续压气机提供合适的进气速度、流量和压强。压气机的作用是增大气流的压力和温度。燃烧室是燃料与从压气机出来的高压空气混合燃烧的地方。燃气从燃烧室流出后，冲击涡轮使其高速旋转产生机械能，驱动压气机、风扇等附件。尾喷管是发动机的排气系统，起整流作用。

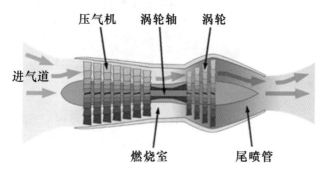

图 5.19　涡轮喷气发动机结构示意图

涡轮喷气发动机的压气机主要有轴流式和离心式两种，图 5.19 即为轴流式涡轮喷气发动机。

轴流式压气机的涡轮叶片由定子叶片与转子叶片交错组成，一对定子叶片与转子叶片称为一级，定子固定在发动机框架上，转子由转子轴与涡轮相连。空气流过每一级，压力、温度以及速度都会提高。空气经过压气机压缩后进入燃烧室与燃料混合燃烧，燃烧产生巨大的热量使气体的温度和压力进一步上升。紧接着气体流过涡轮，推动涡轮高速转动。因为涡轮与压气机转子连在同一根轴上，所以涡轮会带动压气机转动，从而继续压缩不断流入的空气。最后高温高速燃气经过喷管喷出，气流的反作用力为无人机提供动力。轴流式压气机效率相对较高，且由于压缩级数高，气体被压缩后的压强会更大。轴流式压气机在大型无人机中使用较为普遍。

另外还有一种离心式涡轮喷气发动机，其主要特点是采用了离心式压气机。离心式压气机中起主要作用的是离心叶轮（图 5.20）。离心叶轮与涡轮轴相连，由涡轮驱动而高速运转。由于离心叶轮的高速旋转，流过的空气在离心力的作用下，会获得较大的压力和速度，从而达到压缩的效果。离心式压气机的增压比（出口压力与进口压力之比）较低，一般小于10，效率较低，且离心叶轮直径较大，主要适用于小功率、低成本的发动机。

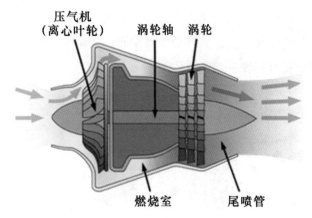

图 5.20　离心式涡轮喷气发动机结构示意图

与活塞式发动机相比，涡轮喷气发动机功率大，能达到的最大速度高，中高空性能优异，振动小，适合飞行高度较高的中大型无人机。但涡轮喷气发动机耗油率高且成本高昂，要求系统的动平衡极好，并且结构需要做好防热措施。

5.3.2　涡轮风扇发动机

涡轮风扇发动机（简称涡扇发动机）主要由风扇、压气机、燃烧室、涡轮和尾喷管组成，如图 5.21 所示。

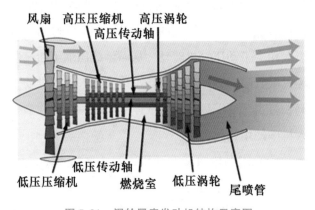

图 5.21　涡轮风扇发动机结构示意图

　　涡轮风扇发动机主要特点是其首级扇叶的面积较大、叶片数目较多（图 5.22）。涡扇发动机有内外两个涵道，空气经过核心发动机的通道称为内涵道，空气流经核心发动机外部的通道称为外涵道。内外涵道共同产生推力，使得发动机有更大的推动力。

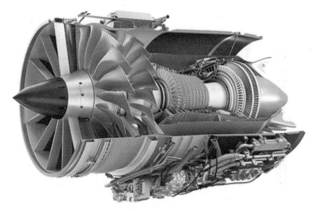

图 5.22　涡轮风扇发动机剖面实体图

　　涡轮风扇发动机单位推力小时耗油率比纯涡轮喷气式发动机更低。但随着风扇转速加快，它的推重比耗损功率就会越大，所以涡扇发动机最适合飞行速度每小时 $1.0Ma$ 至 $3.0Ma$ 时使用。美国军方的"全球鹰"无人机装配的便是涡扇发动机，该发动机装在机体后部的上方，如图 5.23 所示。

图 5.23　RQ – 4 "全球鹰" 无人机

5.3.3 涡轮螺桨发动机

涡轮螺桨发动机（简称涡桨发动机）主要由桨叶、压气机、涡轮、燃烧室和排气口组成，如图 5.24 所示。涡轮转速很高，为了保证螺旋桨桨尖速度不超过声速，涡轮与螺旋桨之间还需要加装减速装置。

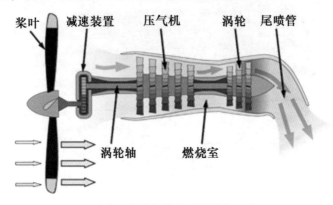

图 5.24　涡轮螺桨发动机结构示意图

涡桨发动机主要具有经济性好、稳定性好、振动小等优点，且其较低的油耗使得无人机能够拥有更长的航时和更低廉的成本。同时，较之涡扇无人机，涡桨无人机飞行速度低，扇叶面积较大，因而起降性能好、飘降成功率高、安全性能高。MQ – 9 "死神" 无人机（图 5.25）配备的便是涡桨发动机（图 5.26）。

图 5.25　MQ – 9 "死神" 无人机

图 5.26　MQ - 9 "死神" 无人机所用的涡桨发动机 (浅色部分为减速装置)

5.3.4　涡轮轴发动机

　　涡轮轴发动机主要由压气机、燃烧室、压气涡轮、动力涡轮、排气口和传动轴组成，如图 5.27 所示。涡轮轴发动机的压气涡轮用来带动压气机，而动力涡轮则用来驱动传动轴。不同于之前介绍的燃气涡轮发动机的是，涡轮轴发动机向外输出功主要利用的是动力涡轮和传动轴，而非喷气产生的反作用力。图 5.28 为涡轮轴发动机实物解剖图。

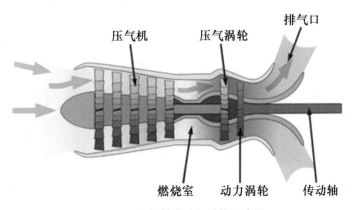

图 5.27　涡轮轴发动机结构示意图

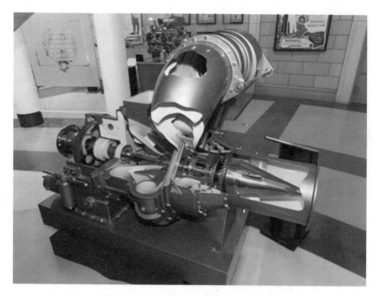

图 5.28 涡轮轴发动机实物解剖图

　　涡轮轴发动机主要有功率大和效率高等优点,目前在无人机方面主要应用于无人直升机。美军的 MQ - 8 "火力侦察兵"无人机配备的便是涡轮轴发动机(图 5.29),使得这款无人直升机有了充沛的动力,从而可以在复杂的环境中执行作战任务。

图 5.29 MQ - 8 "火力侦察兵"无人机

5.3.5　冲压发动机

冲压发动机是喷气发动机的一种，它不使用带有可旋转叶片的压气机，而是利用发动机的前向运动来压缩空气。冲压发动机相比燃气涡轮发动机结构简单、重量轻、推重比大、成本低，在飞行马赫数大于 3 的条件下使用有较高的经济性，适合高空高速飞行。它的缺点是不能自行起动，须用其他发动机作为助推器，而且只有飞行器达到一定飞行速度后（通常 $0.5Ma$ 以上）才能有效工作。

按应用范围划分，冲压发动机分为亚声速、超声速、高超声速三类。由于亚声速冲压发动机的应用相对较少，下面主要对超声速和高超声速冲压发动机进行介绍。

1. 超声速冲压发动机

超声速冲压发动机指飞行速度超过声速但不超过 5 倍马赫数时使用的冲压发动机。在结构上超声速冲压发动机采用超声速进气道，使空气在燃烧室入口处达到亚声速以便与燃料混合后充分燃烧。燃烧室的作用是将燃料与恒定气压的空气混合并燃烧，以提高燃气压力。由于流经发动机的气流速度很高，燃烧区域通常需要使用稳焰器来防止火焰被吹灭。最后燃气从尾喷口喷出，其反作用力为飞机提供推力。超声速冲压发动机的喷管一般采用收敛形或收敛扩张形，如图 5.30 所示。

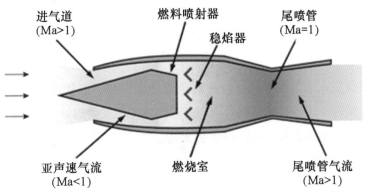

图 5.30　超声速冲压发动机示意图

D-21 是美国洛克希德公司在 20 世纪 60 年代研发的一种超声速无人侦察机。D-21 无人机采用了当时世界领先的冲压发动机（图 5.31），速度高达 3560 千米/小时。自 1969 年起，该无人机共执行了四次任务，前三次均完成了预定的侦察任务，但没有成功回收；第四次侦察失败，随后退出了历史舞台。

图 5.31　D-21 高速侦察机

2. 高超声速冲压发动机

高超声速冲压发动机指的是飞行速度在 5 倍马赫数以上时使用的冲压发动机。在结构上，高超声速冲压发动机采用高超声速进气道。同超声速冲压发动机进气道一样，其面积的变化使得气流速度降低，使高超声速气流减速至超声速气流，

燃烧在超声速气流中进行。高超声速冲压发动机燃烧室中静温静压都较低，大大减轻了热传导和结构负荷。高超声速冲压发动机的尾喷管一般采用扩张型，能够使燃气膨胀，从而提供更大的推力，如图 5.32 所示。高超声速冲压发动机的难点在于燃烧室内高速气流的稳定燃烧；另外，其温度较高，热防护也较为困难。

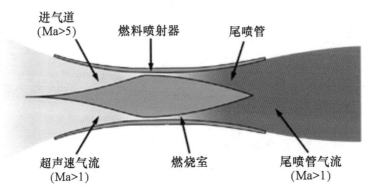

进气道
(Ma>5)　　　　燃料喷射器　　　　尾喷管

超声速气流　　　　燃烧室　　　　尾喷管气流
(Ma>1)　　　　　　　　　　　　　(Ma>1)

图 5.32　高超声速发动机示意图

　　X – 51 "乘波者"是美国波音研发的一种无人高超声速试验机,最高速度可达声速的 5.1 倍。该无人机搭载的便是高超声速冲压发动机,如图 5.33 所示。

图 5.33　X – 51 "乘波者"无人机

5.4　供油系统概述

　　发动机的稳定工作需要供油系统提供适量和稳定的燃料供给。无人机供油系统的功用是储存燃油,保证无人机在规定的飞行状态下,能按发动机需要的压力和流量向发动机持续供油。这对燃油系统提出了一系列要求：工作可靠、寿命长、防火安全、结构简单、维护修理方便、控制精确和生产工艺性好等。

  燃油系统一般由油箱、油泵、油滤及油管等组成，其连接方式如图 5.34 所示。油箱用来储存燃油；油泵将燃油泵入发动机；油滤用来过滤燃油中的杂质，防止杂质进入油泵或发动机造成损伤。

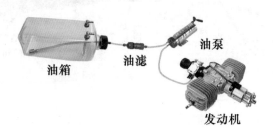

图 5.34   燃油系统的组成

5.4.1   油箱

  油箱是无人机上盛装燃料的容器。油箱必须具备合适大小的容积，在动力系统确定的前提下，油箱储存燃料的多少直接决定了无人机的飞行时间。油箱表面需要做好防腐蚀处理，以防燃油腐蚀油箱。油箱应安装通气管，防止油箱内部形成负压。有的油箱还会安装油量传感器，用于监控剩余油量。

  按结构特点划分，油箱可以分为软油箱、硬油箱和整体油箱三种。软油箱主要是由耐油橡胶和专用橡胶合成的油箱，如图 5.35 所示，其主要特点是能从较小的舱口放进无人机内部，并能充分利用机体内部不规则空间，增加无人机的贮油量，受到振动后还不易产生裂缝或损坏。另外，普通软油箱壁由内衬

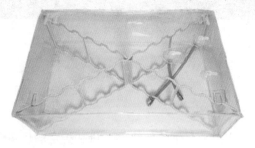

图 5.35   软油箱

耐油橡胶和外层涂胶布组成，有的油箱厚度甚至不到 1 毫米，重量较轻。由于上述优点，软油箱在无人机上应用较为广泛。

硬油箱是由硬质材料制成的油箱，其承受高温高压能力强，化学性质稳定，如图 5.36 所示。在无人机机体内的高温区或油箱舱不能承受内压的情况下一般选用硬油箱。硬油箱多由防锈的铝合金、复合材料或尼龙制成。硬油箱缺点是不方便拆卸维修，而且容易因为振动发生泄漏。

图 5.36　硬油箱

整体油箱是利用无人机机体的一部分结构密封形成的油箱，如图 5.37 所示。采用整体油箱可以显著降低燃油系统的重量，充分利用机体内部空间贮油。但其密封技术要求较高，且维护十分困难。整体油箱常采用整体壁板以减少结构的连接缝，并减少需要密封的位置。

图 5.37　机翼内部的整体油箱

不同的油箱各有优缺点，有各自适用的范围。在一架无人机上，可以兼用两种以上的油箱，组成更为合理的组合，优势互补，更加稳定地供油。

5.4.2 附件

油滤（图5.38）用来过滤燃油中杂质，一般安装在油箱与油泵之间。在严密的发动机燃油系统中，油滤起着至关重要的作用。未过滤的燃料中可能包含多种污染物，例如在加油时散落到油箱中的油漆碎片、钢制油箱产生的铁锈以及燃油本身包含的杂质等。如果未能及时清除这些物质，会对高精度组件产生磨蚀，导致油泵和发动机快速磨损和故障，甚至发动机熄火。

图5.38 油滤

油泵（图5.39）的基本功能就是向发动机提供具有一定压力的燃油。油泵的质量、工作状况将直接影响无人机的燃油喷射系统以及发动机工作状况，对无人机的耗油率、可靠性等指标影响巨大。

图5.39 油泵

　　油管（图 5.40）的作用是连接供油系统中的各个零件，将燃料提供给发动机，其材料一般使用耐腐蚀的树脂。根据燃油油压大小分为高压油管和低压油管，分别应用于适用处。由于发动机、油泵等装置在工作时的振幅较大，一般在油管与各个装置连接处会使用油管夹进行固定。

图 5.40　油管

5.4.3　燃油

　　无人机主要使用的燃料有汽油、柴油、煤油等。汽油的挥发性最好，因此也最易于与空气混合后燃烧，这使得汽油发动机的稳定性较好。柴油不易与空气混合，会出现燃烧不充分的情况，使用时发动机容易冒黑烟、产生污染。煤油的稳定性是三种燃油中最好的，因此对于舰上使用的无人机，考虑安全性，通常装备以煤油为燃料的无人机。具体选择何种燃料，还是要根据具体情况决定，各种燃油的特性见表 5.1。其物理外观为：煤油为无色或黄色透明液体；汽油为无色

图 5.41　汽油、煤油和柴油

至淡黄色透明液体；柴油为有色透明液体，且颜色深于汽油（图5.41）。

表5.1　燃油特性

类型	燃点（℃）	闪点（℃）	热值（kJ/kg）	沸点（℃）	主要用于
汽油	420左右	>55	4.3×10^4	30~205	汽车、中小型无人机
柴油	220左右	45~55	4.6×10^4	轻柴油：180~370 重柴油：350~410	大型车辆、铁路机车、船舰
煤油	210左右	43~72	4.3×10^4	175~325	无人机、飞机

5.5　新型动力系统

随着科技的不断发展，人们对无人机的要求不断提高，能量密度更大、更加持久、更加环保、更加经济的无人机动力系统一直是国内外技术人员探索的问题。随着技术的不断革新，各种新型动力系统也层出不穷。这里介绍几种具有代表性的新型动力系统。

5.5.1　太阳能动力

太阳能是最易获得也最普遍的一种能量。太阳能动力的无人机多使用光伏转换技术来为飞行提供能量。光伏发电是利用半导体界面的光，通过光生伏特效应将光能转变为电能的一种技术（图5.42）。光生伏特效应是指半导体在受到光照射时产生电动势的现象。太阳光照使不均匀半导体或半导体与金属结合

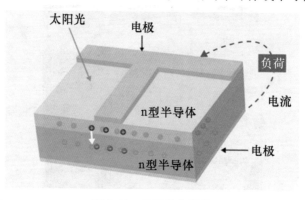

图5.42　光伏发电原理

的不同部位之间产生电位差，从而在回路中产生电流。无人机机翼上安装太阳能电池板如图 5.43 所示。

图 5.43　无人机机翼上安装太阳能电池板

5.5.2　氢能源动力

氢气燃烧产生水，不会对环境产生污染，所以除了太阳能外，氢能也是一种绿色环保的能源。利用氢能源的方式主要有氢气燃料和氢氧燃料电池两种。

氢气燃料即氢气代替燃油做无人机发动机的燃料。氢是一种高效燃料，其发热值是所有化石燃料、化工燃料和生物燃料中最高的，约是汽油发热值的 3 倍。氢气燃烧不仅热值高，而且火焰传播速度快、着火点低，相比汽油无人机的燃料利用效率可得到一定程度的提高。

还有一种利用氢能的方式是氢氧燃料电池。氢氧燃料电池是将氢气和氧气的化学能直接转换成电能的发电装置。氢氧燃料电池工作时，向负极供给氢气，氢气电解成正离子 H^+ 和电子 e^-。H^+ 通过电解液抵达正极与氧气形成水，而电子形成电流为外部载荷提供能量。如图 5.44 为氢氧燃料电池工作示意图。

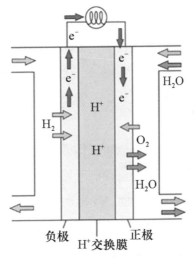

图 5.44　氢氧燃料电池工作示意图

波音的"鬼眼"无人机使用的就是氢能源动力。这是一种高空长航时无人机，如图 5.45 所示。这架无人机由美国波音公司研发，其翼展达 45 米，旨在满足美国军方对高空长航时无人机的需求。"鬼眼"无人机是液氢动力"伪卫星"无人机中的一个，这类无人机主要用于持久搜集情报。虽然这款无人机最终没有投入应用，但该无人机使氢能源动力无人机的研究迈出了一大步。

图 5.45 "鬼眼"无人机

5.5.3 油电混合动力

油电混合动力，即燃油发动机输出功率部分或全部带动发电机发电，然后通过产生的电能给电动推进装置提供能量的动力系统。油电混合动力兼顾了油动发动机燃料能量密度高与电动动力系统工作稳定、控制方便等优点，使得原本采用电机的无人机能够达到更长的续航时间。油电混合分为以下几种方式。

第一种是以发动机为主动力，电动机作为辅助动力的"并联方式"。这种方式主要以发动机提供动力，利用电动机所具有的启动方便的优点，在无人机起飞、加速等发动机燃油消耗较大时，用电动机辅助驱动的方式降低发动机的油耗，巡航时则关闭电动机。这种方式的结构比较简单，只需在传统单纯依靠发动机的无人机上增加电动动力系统即可。

第二种是只依靠电动机提供动力的"串联方式"。发动机只作为能量源，无人机靠电动机驱动螺旋桨提供动力。发动机所产生的能量全部用于发电，电量储存到电瓶供电动机使用。

最后一种是二者结合的"混合方式"。起飞时需要的推力较大，这时采取"并联方式"，发动机作为主动力的同时使用电能辅助，从而提升起飞时的能耗效率。在巡航时消耗的能量相对较小，所以采取"串联方式"，利用发动机产生的电能为无人机提供动力。这种方式需要动力分担装置和发电机等，且要求系统的控制系统精密、耦合性较好，因此较为复杂。

美国国家航空航天局研发的倾转旋翼无人机"GL – 10"采用的便是油电混合动力，其效率可达普通直升机的四倍，如图 5.46 所示；其动力系统设计如图 5.47 所示。无人机巡航飞行时，小型内燃机会带动发电机，产生电能驱动电机从而提供动力，起降时能量则会由电池中的电能进行补充。

图 5.46　混合动力 GL – 10 无人机

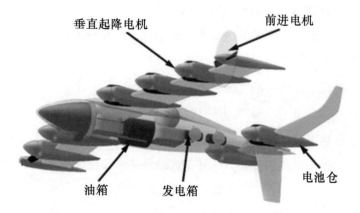

图 5.47　GL – 10 无人机的动力系统设计

本章习题

1. 有刷电机与无刷电机的区别是什么？

2. 电子调速器的主要功能是什么？

3. 锂电池在存放时有什么注意事项？

4. 请总结什么类型的无人机应该使用四冲程无人机。

5. 涡轮喷气发动机的原理是什么？

6. 离心式压气机和轴流式压气机的区别是什么？二者分别用在何种场合？

7. 请总结涡扇、涡桨、涡轮轴发动机各自的特点。

8. 请简述冲压发动机的原理。

9. 查阅资料并结合本章内容，简述如果供油系统中有油箱、油滤、油泵、油管，怎么组成油路将燃油供给发动机。

10. 太阳能动力的优点和缺点分别是什么？

11. 油电混合动力有哪几种方式？分别用在哪种场合？

12. 有刷电机能否改成无刷电机？说出你的理由。

13. 二冲程发动机和四冲程发动机哪个燃烧更充分？为什么？

14. 超声速冲压发动机和高超声速冲压发动机哪部分结构不同？为什么这

么设计? 会造成什么后果?

15. 请设想小型长航时无人机系统的动力系统特点及具体细节。

参考文献

[1] 戴文进, 徐龙权, 张景明. 电机学 [M]. 北京: 清华大学出版社, 2008.

[2] 刘佳欢. 疲劳密封试验系统设计 [J]. 航空维修与工程, 2019 (08): 59 – 62.

[3] 刘大响, 陈光. 航空发动机——飞机的心脏 [M]. 北京: 航空工业出版社, 2003.

[4] 贾玉红, 黄俊, 吴永康. 航空航天概论 [M]. 北京: 北京航空航天大学出版社, 2013.

[5] 王世涛, 张俐娜. 中短航程涡桨飞机的优势浅析 [J]. 科学技术创新, 2018 (34): 63 – 64.

[6] 徐旭. 冲压发动机原理及技术 [M]. 北京: 北京航空航天大学出版社, 2014.

[7] 戴佳. 高超声速冲压发动机技术 [J]. 洪都科技, 2004.

[8] 徐春明, 杨朝合. 石油炼制工程 [M]. 北京: 石油工业出版社, 2009.

[9] 吕芳. 太阳能发电 [M]. 北京: 化学工业出版社, 2009.

第6章 无人机飞行控制系统

6.1 无人机飞行控制系统概述

无人机飞行控制系统，简称无人机飞控系统，是无人机的"大脑"和"眼睛"。它使无人机可以平稳受控飞行，并且为无人机提供环境感知能力，是无人机的关键系统之一。在起飞、巡航、执行任务、着陆的整个飞行过程中，无人机飞行控制系统全程地进行控制与管理，对无人机的飞行安全和功能实现起到重要作用，并且减轻了操纵人员的工作负担。

无人机飞行控制系统的基本组成如图6.1所示，主要包含导航系统、机载飞控系统、地面指挥控制系统，以及连接各系统之间的交互通道，即数据传输链路。

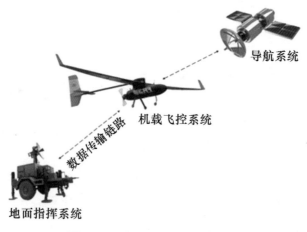

图6.1 无人机飞行控制系统组成

随着智能化和自动化技术的日益提升，飞控也越来越重要。优秀的无人机飞控系统能够基本代替人员的操作甚至完成人员无法完成的工作，无人机飞行控制系统的先进程度已成为衡量无人机性能和作战效能的关键因素。以下将对无人机飞控系统的组成、原理、功能和应用进行宏观介绍，力求使读者对无人机飞控系统能有较为全面的了解。

6.2　无人机导航系统

无人机的导航系统是指能够确定无人机目前的位置和姿态，指出无人机将要运动的方向，引导无人机到达目的地的系统。无人机为实现正常的航线飞行，必须实时了解所处位置和飞行方向，所以导航系统是无人机必不可少的重要组成部分。根据工作原理的不同，无人机采用的导航方式主要有惯性导航、卫星定位导航（图 6.2）、多普勒导航、地形辅助导航、组合导航等。为了提供更精确的导航信息，常采用多种导航形式组合工作。

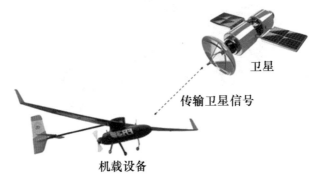

图 6.2　卫星定位导航系统

6.2.1　惯性导航

惯性导航是通过测量飞行器的加速度，并实时进行积分运算，获得飞行器瞬时速度和瞬时位置信息的技术。惯性导航的主要装置是陀螺仪（图 6.3）和加速度计（如图 6.4）。

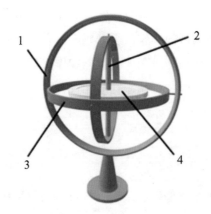

图 6.3　三轴陀螺仪

1. 陀螺仪　2. 旋转轴　3. 平衡环　4. 旋转轮

图 6.4　加速度计

　　惯性导航技术主要基于陀螺的两大特性：定轴性和进动性。定轴性指在一定的初始条件和一定的外在力矩作用下，陀螺始终绕着主轴旋转，这个旋转轴不会因外力矩的改变而发生变化；同时，该旋转轴环绕着另一个固定的转轴旋转，称作主轴的进动性。利用陀螺仪这两个特性能够得到无人机的角加速度。与此同时，加速度计能得到无人机的线加速度，将上述两种参数导入自动驾驶仪，进而对数据进行积分计算，就能得到无人机空间位置的变化。

　　惯性导航系统不依赖于任何外部信息，既不向外部发射能量，也不受外界电磁干扰的影响，故属于隐蔽性较好的自主式导航系统，而且数据更新率高、短期精度和稳定性好。

但是惯性导航信息由积分产生，定位误差随时间积累而增大，所以长期定位精度较差，因此在使用时常与其他导航形式配合使用。

6.2.2　卫星定位导航

卫星定位导航是通过卫星不断对无人机进行定位，从而引导无人机沿着选定的航线飞行的一种导航系统。其基本原理是测量出已知位置的卫星到无人机之间的距离。利用卫星导航时需要求解无人机的三维坐标 x、y、z 以及卫星与无人机之间的时间差 Δt。要求解 4 个未知量需要 4 个方程，所以至少需要 4 颗卫星的信号。如图 6.5，以地心为原点建立坐标系，若已知第 i 颗卫星（$i = 1$，2，3，4）的坐标为（x_i，y_i，z_i），测定的无人机到卫星的距离为 r_i，则考虑时差的影响，无人机的位置坐标（x，y，z）应满足方程：

$$\sqrt{(x - x_i)^2 + (y - y_i)^2 + (z - z_i)^2} = r_i - c\Delta t \qquad (6-1)$$

式中，c 为光速，$c \approx 3 \times 10^8 \text{m/s}$。

因此，同时接受 4 颗卫星的信号便可定位无人机所在位置。目前，全球范围内有影响的卫星定位系统有美国的 GPS 卫星导航系统、欧洲的伽利略卫星导航系统、俄罗斯的 GLONASS 卫星导航系统以及中国的北斗卫星导航系统。

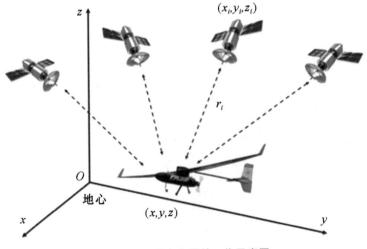

图 6.5　卫星定位导航工作示意图

2020 年 6 月 23 日，北斗三号全球卫星导航系统最后一颗全球组网卫星在西昌卫星发射中心点火升空。7 月 31 日上午，北斗三号全球卫星导航系统建成暨开通仪式在北京举行，宣布北斗三号全球卫星导航系统正式开通。这是继GPS、GLONASS 之后第三个成熟的卫星导航系统。

卫星定位导航的优点是定位精度高，且可以做到全天候定位，操作起来也较为简便。但工作时受气候、电离层、对流层、空气、电磁波等因素的影响会产生偏差，另外，在战争情况下，使用 GPS 等国外卫星导航系统也存在卫星关闭或接受错误信号的风险。

6.2.3 多普勒导航

多普勒导航是飞行器常用的一种自主式导航，主要由多普勒雷达和导航计算机组成，如图 6.6 所示。

图 6.6 多普勒雷达导航模块

多普勒导航的工作主要基于多普勒效应（图 6.7）：机载的多普勒导航雷达不断向地面发射电磁波，因无人机与地面之间存在相对运动，雷达接收到地

图 6.7 多普勒定位原理

面回波的频率与发射电磁波的频率之间就会相差一个多普勒频率，于是就可以根据这个频率差计算出无人机相对于地面的飞行速度及偏角。

多普勒导航系统的辐射能量小，在战场上抗电子侦察能力较强，结构简单，所以造价也相对低廉，可靠性较高。但其测量有积累误差，系统的误差会随飞行距离的增加而增大。且该系统需要时刻向外发射电磁波，隐蔽性较差。

6.2.4　地形辅助导航

地形辅助导航是指飞行器在飞行过程中，利用预先储存的飞行路线中某些地区的特征数据，与实际飞行过程中测量到的相关数据进行不断比较来实施导航修正的一种方法。地形辅助导航首先会由其他飞机或卫星提前获取航线上的地形地貌情报并存入无人机飞控计算机。如图 6.8 所示，当无人机飞至标注区域时，可以通过机载设备获得地形标高，将此数据与存储的数据对比，就可以确定飞行路线。

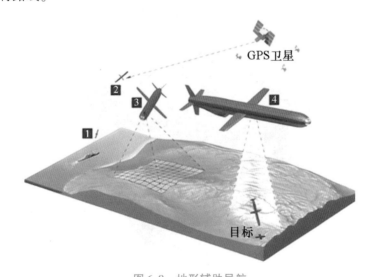

GPS卫星

目标

图 6.8　地形辅助导航

1. 导弹发射　2. 卫星定位导航　3. 地形辅助导航　4. 导弹打击目标

地形辅助导航的优点是没有累积误差，隐蔽性好，抗干扰性能较强。但因需要提前储备和处理的数据量较大，实时性受到严重制约；另外，该系统工作性能受地形影响，适合起伏变化较大的地形，不适宜在平原或者海面使用。

6.2.5 组合导航

组合导航一般由惯性导航结合其他导航技术，利用性能上的互补特性，可以获得比单一导航系统更高的导航性能，如图6.9所示。

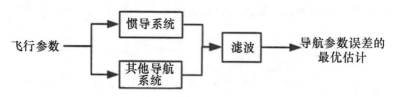

图 6.9 组合导航技术原理框图

例如，惯性导航与GPS定位系统组合可以实现惯性导航系统的空中对准、惯导系统高度通道的稳定等，从而可以提高惯导系统的性能和精度；同时，通过惯导系统的辅助可以提高GPS系统跟踪卫星的能力，提高接收机动态特性和抗干扰性。图6.10为惯性导航/GPS组合导航模块。

图 6.10 惯导/GPS 组合导航模块

惯导与GPS组合导航系统是目前多数无人飞行器所采用的主流自主式组合导航技术。美国的"全球鹰"和"捕食者"无人机都采用了这种组合导航方式。除此之外，还有惯导/地磁组合导航系统、惯导/多普勒组合导航系统等。

6.3 无人机机载飞行控制设备

机载飞行控制系统的作用是稳定无人机飞行姿态，并且控制无人机进行自主或半自主飞行，是无人机完成整个飞行过程的核心。主要组成有传感器、伺服作动设备和自动驾驶仪，如图6.11所示。其中，传感器完成信号的检测、传输和转换；伺服作动设备完成需要的机械传动，修正无人机的飞行状态；自动驾驶仪完成中间信号的解算，从而联系信号接口模块和伺服作动模块。此外还需要电池为其供电。

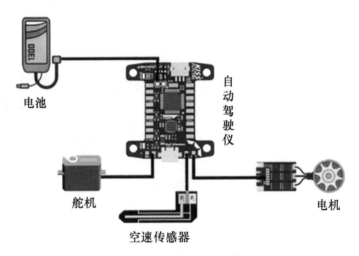

图6.11　机载飞行控制设备连接示意图

6.3.1 传感器

传感器是飞控系统获取无人机飞行状态信息的入口，利用传感器可以测量飞行器的姿态、高度、空速、加速度以及发动机转速等其他希望得到的参数。

姿态传感器用于获取无人机的姿态变化率以及姿态信息，最为常见的姿态传感器为陀螺仪（图6.12）；高度计用于测量无人机当前的飞行高度，主要有气压高度计（图6.13）及激光高度计；空速传感器用于测量无人机当前相对空气的速度（图6.14）；加速度传感器用于获取当前无人机的加速度（图6.15）。机载飞控系统中的传感器各式各样，用户可以根据需求添加传感器。

图 6.12　陀螺仪

图 6.13　气压高度计

图 6.14　空速管及空速传感器图

6.15　加速度传感器

6.3.2　自动驾驶仪

自动驾驶仪（图6.16）是无人机飞控系统的核心部分，对无人机的性能和安全起着决定作用。它负责整个无人机姿态、高度、速度等信息的运算和判断，同时不断向伺服作动设备传递信号。

图 6.16　自动驾驶仪

自动驾驶仪主要由嵌入式处理器、电源模块、接口电路等组成。嵌入式处理器是飞控的核心，它可以为其他控制器提供工作信号等，实现主控的输入、运算和输出三个部分的协调工作。电源模块是一种将主电源电能变换为另一种形式或规格的电能的装置。接口电路用于系统内部各模块之间、系统与外部设备之间进行数据传输。

在计算方面，现代自动驾驶仪的发展，很大程度上依赖于多余度技术的出现和不断成熟。多余度技术可以在组成自动驾驶仪的元部件的可靠性不变的情况下，提高设备的整体可靠性，满足复杂应用场景下提出的可靠性指标。

6.3.3　伺服作动系统

伺服作动系统是飞行控制系统和起落控制的执行机构，其主要功能是根据自动驾驶仪的指令，通过舵机对无人机各控制舵面、起落架、发动机风门等装置的控制，实现对无人机的飞行控制。图 6.17 为伺服舵机驱动舵面。

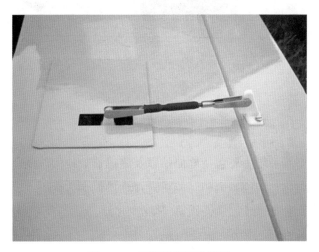

图 6.17　伺服舵机驱动舵面

典型的伺服作动系统按照功能可划分为伺服控制器和伺服作动器两个部分。伺服控制器是系统的控制核心，是自动驾驶仪与执行器件的控制命令接口；伺服作动器是被控机械对象，常见的有伺服舵机等。控制命令的执行由伺服作动器驱动完成，一般有液压控制和电信号控制。液压通过液体压力传递动力，其工作更可靠且操作性能好，但相对更重。电信号控制是通过向作动器传输电信号，从而实现控制的方式，其优点是质量轻且响应快，但容易出现故障。图6.18为电动伺服舵机。

图 6. 18　电动伺服舵机

6.4　无人机地面飞行控制设备

无人机的控制系统主要包括地面站以及遥控器。地面站使得无人机飞行更加程序化和智能化，遥控器则相对能更直接地操纵无人机。

6.4.1　地面站

无人机地面站是无人机系统的重要组成部分，它提供地面操作人员与无人机交互的渠道（图6.19）。当无人机飞上天之后，地面站是观察、获取或操控无人机飞行状况的唯一途径。它可以实现任务规划、图像传送、数据监测、信号处理等多项功能，是无人机飞行控制系统的指挥中心。

图 6.19　地面站

　　为了使无人机的操纵更加便携化，一般无人机还会配套小型无人机地面站。小型无人机系统地面站带有通信系统和天线，常将直观可视的图形化用户界面、图传界面以及控制系统集成于小型计算机中，如图 6.20 所示。

图 6.20　小型无人机地面站

　　便携式地面站的可视化界面，可以同时完成多项参数的监测（图 6.21），具体数据包括时间、供电、发动机汽缸温度、油量、海拔高度、空速、转速及各种姿态角等。

图 6.21　监测界面

6.4.2　遥控器

由于一些飞控系统不含有自主起降功能，或需要在复杂的环境下进行起降任务，或对特定无人机飞控系统尚未调试成熟，这些情况需要飞行员操纵无人机。无人机遥控器是飞行员操纵无人机的工具，一般包括开关键、遥控天线、摇杆等基础装置，如图 6.22 所示。

图 6.22　遥控器

6.5　无人机数据链路

无人机数据链传输系统负责完成对无人机遥控（控制站通过上行数据链对无人机发出控制指令）、遥测（无人机通过下行数据链向地面站回传图像和数据）、跟踪定位和传感器传输。由于机载高速处理器技术的突飞猛进，以及任务设备数据量的快速增加，数据链正向高速率高带宽的趋势发展。图 6.23 为数据传输示意图。

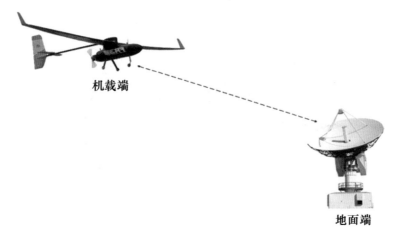

机载端

地面端

图 6.23　数据传输示意图

6.5.1　数据链系统的组成

数据链系统分为机载部分和地面部分。

1. 机载部分

机载部分主要包括接收机、发射机以及将接收机和发射机连接到系统其余部分的调制解调器。机载部分的任务是发送遥测信号以及接收遥控信号。图 6.24 即为无人机机载天线。

接收遥控信号时，系统会将获取的控制信号经放大、滤波、解调、解密等处理后，再送往自动驾驶仪，进行指令的执行；发送遥测信号时，自动驾驶仪会将需要发射的信号进行相同的处理后送往天线，由机载天线发射回地面。

图 6.24　机载天线

2. 地面部分

数据链地面部分亦称作地面数据终端，组成包括天线、接收机、发射机、调制解调器等，如图 6.25 所示。

图 6.25　地面天线

地面数据终端的任务是发送遥控信号和接收遥测信号，操作员会在操作器上给出控制指令。指令首先会经由编码器进行编码，再经过加密、调制、放大等处理后，送至地面天线，最终由天线发射到无人机。

一些无人机飞行半径较大，而随着数据链距离的不断增大，信号会不断衰减。此时在地面站和无人机中间添加通信中继设备（图6.26）可以有效避免因线路过长而产生的信号衰减，进而有效提高传输的可靠性。

图6.26 地面中继设备

6.5.2 数据链系统的无线通道

无人机的测控数据传输均采用无线通信方式。在无线通道中，地面站向无人机发送飞行控制信息，从而实现对无人机的飞行控制，这称为上行通道。无人机将传感器接收的信息以及飞机自身的状态信息传输给地面站，从而使得地面站监测人员实现对无人机的实时监测，这称为下行通道。对于中小型无人机，一般采用无线单通道的方式进行控制（图6.27），即遥控和遥测共用同一套设备，采用分时工作方式。这种方式减少了系统设备的数量和内部电路接线的复杂度，也减轻了无人机的载荷重量。此外还有无线双通道，即遥控和遥测各单独使用一套设备。

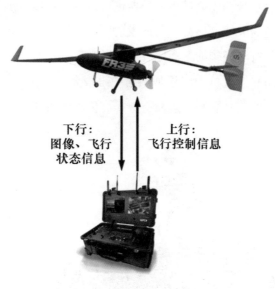

图 6.27　无线单通道

地面无线发射机上的天线接收到操作人员指令后，将其发送给空中系统。无人机收到指令后，遥测通道会发出"已接收指令"的信号给地面站；当无人机完成指令后，遥测通道同样会反馈"已执行指令"的信号。而当操作人员需要监测参数时，可由地面无线发射机将该请求发送给空中系统。飞控系统会将这一目标存入存储器，再从存储器中匹配相应参数，最后由遥测通道回传数据，这便是无线通道的工作过程。

6.6　飞行控制系统工作流程

无人机飞行控制系统在实际工作时有既定的工作流程，且通过不停地反馈来保证指令准确地传达，所以飞控系统实际的工作流程会形成完整的闭环，具体来说可以归纳为内外两个闭环。

6.6.1　外部闭环

外部闭环指机载飞控系统、导航系统、数据传输系统、地面站组成的系统，主要功能是在不同系统间完成指令的传递，从而控制无人机定向航线飞行，其工作过程如图 6.28 所示。其中，机载飞控及导航系统可以实现无人机姿态稳定及控制，完成导航与航迹控制，实现无人机自主飞行控制任务。操作人员可以通过地面站监测到无人机的各项飞行参数，同时向无人机发布控制指令。数据传输系统是负责联系地面站和机载飞控系统的桥梁，通过它可以向地面站下传监测数据，向无人机上传操作指令。

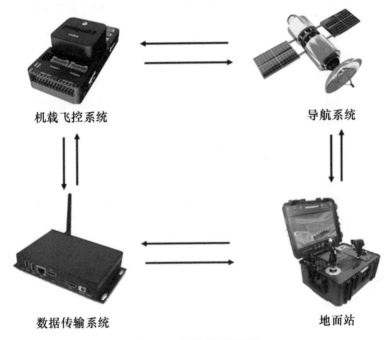

机载飞控系统　　　　　　　　　　　　　　　导航系统

数据传输系统　　　　　　　　　　　　　　　地面站

图 6.28　外部闭环示意图

6.6.2　内部闭环

内部闭环指机载飞控系统内部的控制过程，即传感器—自动驾驶仪—电子设备及伺服舵机系统。主要功能是实现飞控中元器件间的信号交流，从而实现电子信号和数字信号之间的转换；同时完成对伺服舵机等电子设备的控制，如图 6.29 所示。

其中，传感器负责监测物理参数，并将物理信号转换成电信号传送给自动驾驶仪。自动驾驶仪对传感器输出的数据做相应的运算，继而计算得到控制指

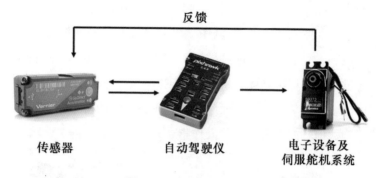

图 6.29　内部闭环示意图

令，并结合地面站信号以驱动伺服舵机系统以及其他电子设备。伺服舵机通过机械设备（如舵面或发动机油门），对无人机的飞行状态做出调整。而电子设备则可以执行特殊任务，二者的信号也会反馈给传感器。

本章习题

1. 无人机飞行控制系统由哪几部分组成？分别起到什么作用？

2. 无人机飞行控制系统的作用是什么？

3. 为什么 GPS 导航是现今最常见的导航系统？

4. 本章介绍的各种导航系统原理分别是什么？

5. 查阅资料，除本章介绍过的导航系统外，无人机用的导航系统还有什么？

6. 无人机机载飞行控制系统由哪些部分组成？它们之间是怎么协作的？

7. 伺服作动系统控制方式有哪几种？分别有什么优缺点？

8. 查阅资料并结合本章内容，说出地面站主要组成部分有哪些？其主要功能是什么？

9. 有地面站时为什么还需要遥控器作为控制设备？

10. 查阅资料并结合本章内容，说出单无线通道相比双无线通道的优点是什么？

11. 外部闭环和内部闭环的主要功能和组成是什么？

12. 在无人机系统中，形成闭环的设备或工作流程还有什么？为什么无人机中会出现闭环？

13. 为什么需要组合导航技术？最好的组合导航技术是哪种组合？并说出理由。

14. 在无人机机载飞行控制系统中，什么时候用地面站控制？什么时候用遥控器控制？

15. 对于不同机型，无人机飞行控制系统会在哪些方面有相应的不同？

参考文献

[1] 吴森堂. 飞行控制系统 [M]. 北京：北京航空航天大学出版社，2013.

[2] 文传源. 现代飞行控制系统 [M]. 北京：北京航空航天大学出版社，1992.

[3] 顾云涛. 无人机导航技术研究 [J]. 现代导航，2013.

[4] 方群. 卫星定位导航基础 [M]. 西安：西北工业大学出版社，1999.

[5] 王英钧. 地形辅助导航综述 [J]. 航空电子技术，1998 (1)：6.

[6] 李春川，杨思长，李云. 基于无人机空中导航定位方法的探讨 [J]. 电子世界，2019 (3)：2.

[7] 周焱. 无人机地面站发展综述 [J]. 航空电子技术，2010，41 (1)：6.

[8] 王俊，周树道，程龙，等. 无人机数据链关键技术与发展趋势 [J]. 飞航导弹，2011 (3)：4.

第7章　无人机任务设备

无人机任务设备是为无人机执行任务装备的某种或几种设备组合，是无人机系统的重要组成部分。

采用无人设备执行空中打击是人类多年对军事武器的构想。早期，人们就在无人热气球上安装定时器和炸弹，组成无人轰炸设备的雏形（图7.1）。之

图7.1　描述热气球炸弹轰炸的画作

后，无人机设备的发展伴随着无人机从出现到壮大，现今已经发展成为满足军民用需求、种类齐全、性能强大的庞大家族（图 7.2）。

图 7.2 现今军用无人机丰富的挂载选择

目前，无人机可以搭载的设备包括光学设备、红外设备、雷达设备、武器设备、通信中继设备、电子对抗设备、靶标设备、植保设备、其他任务设备等。同时，伴随着科技的爆发式发展，各类新式的无人机任务设备层出不穷。本章选取较为常见的几类无人机任务设备作简要介绍。

7.1 光学设备

光学任务设备主要是指照相机和摄像机，是目前无人机普遍搭载的任务设备之一，主要用于执行侦察、航拍等任务，具有较为广泛的应用，如图 7.3 所示。

其中照相机包括胶片相机和数码相机两种。胶片相机分辨率高、技术基础成熟，但需要将胶片回收和冲洗后，才能得到拍摄画面，获取图像信息的时效性较差，实体照片也不便于情报的快速传送。近年来，随着技术进步，数码相机的性能大幅提升，像素可以达到 2000 万以上。由于数码相机拍摄获得的图像信息以数字信号储存和传输，可以与计算机快速传递信息，因此，目前无人机搭载的绝大多数光学设备都是数码相机。

图7.3 无人机携带数码相机在航拍

7.2 红外设备

无人机搭载的光学设备在光线不足、能见度差、目标光学特征与周围环境相似等环境应用时，往往束手无策，此时红外成像设备便能大显身手。热像仪是目前比较常用的红外成像设备，它能够把物体自然释放的红外辐射转变为可见的热图像，白天和夜晚都能工作，并且受天气、烟、雾的影响较小，图7.4即为一款携带热成像仪的无人机。

图7.4 无人机携带热成像仪（右侧）

同时，红外设备在侦察隐藏的人员、军事设施等方面有巨大优势，这使得红外设备常被用于军事侦察。此外，利用电路发生故障后会发热的原理，搭载红外设备的无人机还可以在电力巡线中帮助人们快速准确判定发生故障的位置。在森林火灾的防范与扑救中，通过空中携带红外设备的无人机，可以发现火灾隐患和隐蔽的火源。图 7.5 为无人机携带热像仪拍摄的图像。

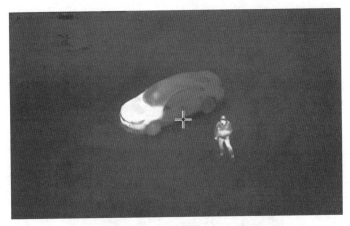

图 7.5　无人机携带热像仪拍摄图像

7.3　雷达设备

合成孔径雷达（SAR，Synthetic Aperture Radar）通过发射雷达波信号、接收回波信号，并利用合成孔径雷达成像算法得到雷达图像。合成孔径雷达凭借其优秀的性能已成为无人机的重要侦察设备，其拍摄效果如图 7.6 所示。

图 7.6　合成孔径雷达的拍摄效果

合成孔径雷达的雷达波可以穿透云、雾、烟和灰尘，因此合成孔径雷达是一种全天候的侦察设备。合成孔径雷达作用距离远，搜索面积大，可探测运动目标，性能强悍。如"全球鹰"无人机的合成孔径雷达，可以在超过 20 000 米的高空有效识别人员、车辆设备型号等，并能对运动目标进行跟踪。合成孔径雷达缺点在于所获图像的数据量太大，电脑分析处理速度较慢，目前尚无法做到实时处理和传输。

另外，合成孔径雷达普遍比较笨重，重量约在 25 千克至 100 千克之间。但随着技术的进步，目前已经开发出微小型合成孔径雷达（mini-SAR），用于小型无人机，大大降低了合成孔径雷达的应用门槛。图 7.7 所示为目前微小型合成孔径雷达的代表——NanoSAR 合成孔径雷达，重量仅为 0.9 千克。

图 7.7　NanoSAR 合成孔径雷达

7.4　武器设备

随着无人机技术的提高，以及武器系统小型化技术的快速发展，无人机携带武器系统进行作战已经逐渐变为现实。

无人机受限于载重量限制，一般装载中小型武器，如火箭弹、航空炸弹、中小型导弹等，如图 7.8 所示。导弹能够在发射后实时调整自身的飞行轨迹直

至准确命中目标，是目前军用无人机打击精度最高的武器。察打一体无人机在
确定目标后能够立刻发射导弹和精确制导炸弹（图7.9）进行攻击，打击可信
度高，攻击时间短，打击效果好，附带毁伤较小，因此得到世界各无人机强国
的广泛应用。

图 7.8　无人机挂载导弹（左）和制导炸弹（右）

图 7.9　精确制导炸弹

目前,无人机主要执行对地攻击任务,挂载的主要是空对地导弹,用于攻击地面的车辆、人员、碉堡等。无人机搭载的导弹中较为著名的是 AGM-114 "地狱火"导弹(如图 7.10)。这种导弹重量 45 千克左右,弹长约 1.6 米,主要采用激光或雷达制导,广泛应用于攻击机、武装直升机和无人机。可以用于攻击地面目标和速度较慢的空中目标,至今已发展出十几种改型且仍然在继续发展,多数型号具备"发射后不用管"的能力。

图 7.10 "地狱火"导弹

7.5　通信中继设备

无线电波传输信号时,传输距离过远或中间有高山阻隔时,信号会很快衰减,无法保证信号质量。这时就需要在传输的中途设置通信中继站,将信号放大、整形和载频转换,延长通信距离,保证通信质量。但建造常规地面中继站成本高昂,维护成本也高,费时费力,在需要临时通信中继且地面建设条件较差时,建造地面中继站维持通信往往是不切实际的。特别是军队在山区等复杂环境执行作战任务时,装备的超短波通信电台很容易受障碍物遮挡而无法正常工作,难以满足军队的通信需求。无人机巡航时间长,装备部署灵活、环境适应能力强、飞行高度相对较低,搭载通信中继设备后能够有效提升信号传输的距离和质量,是非常合适的选项。其工作原理如图 7.11 所示。

通信中继无人机

通讯基站　　　　　　　　　　　　　　　偏远地区

图 7.11　通信中继无人机工作原理

　　性能优越的通信中继无人机可以保障上百平方千米范围内的通信,如图 7.12 所示。但是,无人机的载重能力普遍较低,无法搭载大功率的中继设施,且无人机的续航时间有限,故目前尚未广泛使用无人机通信中继,只能在一些特殊紧急的情况下作为应急使用。

图 7.12　通信中继无人机

7.6　电子对抗设备

　　现代战争中,信息化军队的优势锋芒毕露,其中电子对抗设备功不可没。电子侦察设备能侦收敌方电子信号,对接收到的信号进行追踪、识别和解码,也可以对信号源进行测向和定位；电子干扰设备可以对敌方的侦察设备、通信设备、武器等的电子设施工作信号进行干扰，使其失去效能，还可以反制敌方的电子干扰。然而，现有地面电子对抗设备高度低，作战效果较差。利用无人机升空的高度优势，可以携带各类电子吊舱（图 7.13）执行电子侦察和电子干扰任务，可有效提高电子战效能。

无人机一般将电子对抗设备外挂于机身下部或机翼下方（图 7.14），对气动影响较小，且便于维护。

图 7.13　MQ - 9 无人机机腹挂载电子对抗吊舱

图 7.14　MQ - 1 无人机机翼挂载电子对抗吊舱

7.7　靶标设备

搭载靶标类任务设备后，无人机就成为靶机，能执行模拟靶标、模拟目标特征、拖曳靶标等任务。靶标类任务设备主要包括脱靶量指示器、RCS 增强器、红外增强器、目视增强设备和拖靶设备等。

脱靶量指示器通常和地面接收站一起组成一个系统，用以测量和记录导弹或炮弹对靶标射击时的脱靶参数。按物理机制可分为雷达脱靶量指示器、光学脱靶量指示器和声学脱靶量指示器等。

由于靶机往往与其模拟的目标（如真实战斗机）在大小、材质、外形等均有明显不同，雷达反射信号是存在差异的。为了能够让靶机更真实模拟假想目标，往往需要用到雷达增强技术。雷达增强技术分为两大类，即无源雷达增强和有源雷达增强技术。无源增强主要采用角反射器、平板型反射器、龙勃透镜、泡沫锥增强器等。有源增强由专门配置的接收机、发射机、接收天线和发射天线等组成，通过调试来获得适当的散射强度，从而增强对雷达的回波信号。

除了保证雷达信号的模拟真实，靶机在红外信号上也需要与模拟的目标接近，这由红外增强器实现。目前红外增强器主要为曳光管，图 7.15 为携带红外增强器的靶机。

图 7.15　携带红外增强器的靶机

在军队的训练中，为了降低训练成本，都会使用价格低廉的靶机。为了进一步降低成本，可以让飞机或无人机携带拖靶设备用来行使传统靶机的职能。拖靶（图 7.16）是一种吊挂或拖曳的靶标，在使用时，武器命中成本较低的拖靶而不是飞机。

图 7.16　靶机携带拖靶

7.8　植保设备

航空播撒农药是目前无人机在民用方面常见的用途。植保无人机可以将药箱中的农药精准喷洒至农作物表面，这样就克服了运输机播撒农药适应性差、效率低下、成本高昂的缺点，且小巧灵活、操作维护简单、成本低廉。图 7.17 为

图 7.17　携带植保设备的无人机

携带植保设备的无人机；图 7.18 为植保无人机使用的药箱；图 7.19 为植保无人机使用的水泵；图 7.20 为植保无人机使用的喷头。

图 7.18　植保无人机使用的药箱

图 7.19　植保无人机使用的水泵

图 7.20　植保无人机使用的喷头

7.9 其他任务设备

目前，随着无人机愈发深入人们的生活，无人机设备可以执行的任务迅速增加，已有许多新型的任务设备开始在无人机上应用。

例如，消防无人机就是民用无人机新兴的一个发展方向。消防无人机（图 7.21）可以携带摄像机、红外摄像仪、灭火设备等设备，深入消防员无法到达的一些火场（森林火灾、高楼火灾等）进行火灾情况的评估，探查逃生通道，输送救援物资，或者直接执行灭火任务，这样可以有效避免消防人员的伤亡。

图 7.21　携带灭火设备的无人机

无人机用于物流运输也是民用无人机的一大发展趋势。无人机安装图像识别设备、卫星导航设备等，可装载货物进行高效运输，极大地减少物品运输中消耗的人力物力，提高运输效率。目前国内外已有多家快递公司试验或小规模使用物流无人机（图 7.22）。

随着无人机的普及，无人机也逐渐"飞"入人们的娱乐生活中，娱乐用途的无人机设备也层出不穷，图 7.23 所示为无人机飞行表演。无人机可搭载灯光设备和定位设备（图 7.24），组成无人机机群，在空中变换不同队形，在视觉上形成巨大冲击。

图 7.22　携带物流设备的无人机

图 7.23　无人机机群飞行表演

图 7.24　无人机携带灯光设备

　　除此之外，穿越无人机竞速也是无人机娱乐方向的一种。选择飞行性能优秀的无人机，安装摄像机进行飞行比赛，将摄像机拍摄的实时画面传输至操控者的头戴式显示器上（图7.25），可以让操控者感受第一视角进行无人机飞行竞赛的乐趣。

图 7.25　携带摄像机的穿越机和其配套的头戴式显示器

本章习题

1. 无人机的光学设备有哪些？各自有什么特点？

2. 红外成像设备的工作原理是什么？一般有什么用途？

3. 合成孔径雷达有哪些优点？目前还存在哪些缺陷？

4. 无人机可以携带的武器设备包含哪些？无人机最常用的武器是什么？

5. 通信中继无人机较之地面中继站有哪些优势？

6. 无人机电子吊舱包括哪些功能？无人机的电子吊舱一般挂载在什么位置？这是出于什么考虑？

7. 无人机在携带靶标任务设备时，为了能够更真实地模拟假想目标，需要模拟目标的哪些信号特征？这些特征由哪些设备来模拟？

8. 植保无人机克服了运输机播撒农药的哪些缺点？植保无人机有哪些优势？

9. 物流无人机通过哪些设备保证准确运送包裹？

10. 你觉得目前最有商业潜力的无人机任务设备是哪一类？

11. 你觉得未来无人机任务设备会向哪些方向发展？

12. 你觉得目前有哪些新兴技术有巨大前景却还没有在无人机任务设备上充分发展？

13. 阐述无人机任务设备发展对国家的意义。

参考文献

[1] 昂海松, 郑祥明, 金海波. 无人机系统设计导论 [M]. 北京：科学出版社, 2018.

[2] 贾玉红, 黄俊, 吴永康. 航空航天概论 [M]. 北京：北京航空航天大学出版社, 2013.

[3] 付长青, 曹兵, 李睿堃. 无人机系统设计 [M]. 北京：清华大学出版社, 2019.

[4] 宇辰网. 无人机：引领空中机器人新革命 [M]. 北京：机械工业出版社. 2017.

[5] 贾恒旦, 郭彪. 无人机技术概论 [M]. 北京：机械工业出版社, 2018.

[6] 谢奇峰. 无人攻击机武器控制技术研究 [J]. 飞航导弹, 2010 (1)：3.

[7] 王建成. 简明军事科技发展史 [M]. 北京：国防工业出版社, 2005.

[8] 崔麦会, 黄晓娟, 景小飞. 21 世纪军用无人机的发展趋势 [J]. 航空科学技术, 2002 (03)：26 – 29.

[9] 薛新宇, 兰玉彬. 美国农业航空技术现状和发展趋势分析 [J]. 农业机械学报, 2013, 44 (05)：194 – 201.

[10] 王呈顺. 浅谈无人机市场分类及发展趋势 [J]. 信息系统工程, 2017 (09)：105.

第8章　无人机制造与装配

8.1　无人机制造

无人机的机体结构由多种材料构成，典型的无人机结构材料有复合材料、金属材料、木材等，其中复合材料的用量比例越来越高。不同的材料，其制造、加工和装配方法也千差万别。

本章首先介绍几种典型的无人机结构材料及其加工制造方法，之后介绍无人机的装配流程，力求使读者对无人机的加工制造有初步认识。

8.1.1　复合材料结构制造

复合材料在无人机结构应用中具有突出的优势。复合材料的可设计性较强，在不改变机体结构重量的前提下可以通过调整铺层材料、厚度、方向等调整结构的强度和刚度（图8.1）；可以实现大面积整体成型，满足无人机复杂曲面的制造需求；一些复合材料的耐腐蚀性较强，可以满足无人机特殊环境下储存或是飞行的需求，提高使用寿命，降低维护成本；还可以通过对具有特殊电磁性能的聚合物基复合材料的改性，使其满足无人机隐身性能的需求。未来有望通过芯片、合金刀体的植入使复合材料成为智能材料，获得具有一定颠覆性的结构性能。

目前，复合材料已经成为无人机的主要结构材料，蜂窝夹层复合材料、碳纤维复合材料以及玻璃纤维复合材料等都得到广泛的应用。复合材料的发展和应用是提升无人机技术性能的关键技术之一。

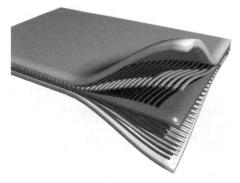

图 8.1　复合材料铺层示意图

1. 复合材料部件制造

在无人机复合材料部件制造方面，常用的制造方法主要包含真空袋成型、模压成型和热压罐成型等。

真空袋成型制造技术可以减少投资，且操作便利，但是成型质量不高，所以主要在民用消费级无人机部件制造上得到应用。模压成型制造技术兼具较低的成本和足够高的成型质量，对于外形精度和外观质量要求较高的无人机机翼和尾翼，通常内部采用泡沫夹芯材料，表面蒙皮采用玻璃钢材料，技术人员采用模压成型技术进行制造，获得了良好的制造效果。

热压罐成型工艺（图 8.2）是目前无人机复合材料结构制造最常用的工艺。采用热压罐成型工艺制造的无人机复合材料构件的质量更轻、力学性能出色、内部质量较好且树脂的含量较为均匀。对于强度要求较高的无人机复合材料构件和主要承重构件多采用热压罐成型工艺进行生产制造。如美国"全球鹰"无人机就采用了该制造技术，利用 Nomex 芯材在 121℃下进行热压罐固化成型，以实现大展弦比机翼的制造。但热压罐成型技术也存在一定的不足。该工艺对于设备的要求较高，前期投入和加工过程成本都比较高，经济性相对比较差。另外，复合材料的热压罐成型过程中树脂的流动、热传递、化学交联和空隙形成等相互影响相互作用，增加了热压罐成型工艺控制的难度，容易出现贫胶、高孔隙率等加工缺陷。为了保证复合材料构件的质量，必须对热压罐工艺的压力、温度曲线进行良好的控制。

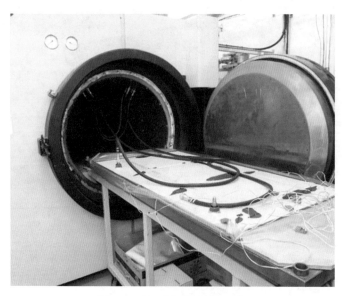

图 8.2　热压罐高温高压固化

　　热压罐复合材料成型制造工序通常可以概括为：设计和加工模具，裁剪复合材料纤维带/织物，在模具中按顺序铺层并涂树脂，放入真空袋并抽真空，放入温箱或热压罐加温加压固化成型（图 8.3）。

第 1 步　设计和加工模具

第 2 步　裁剪复合材料

第 3 步　复合材料铺层

第 4 步　涂树脂

第5步　抽真空

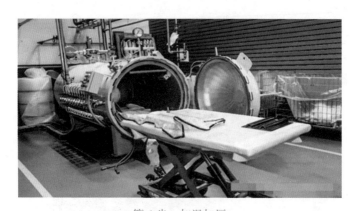

第6步　加温加压

图8.3　热压罐复合材料成型过程

2. 复合材料结构制造

在无人机制造中可以通过恰当的复合材料体结构设计和恰当的增强材料应用，实现机体在重量、强度、刚度等特性上的要求。夹层结构和层压板结构就是无人机设计中应用最广的两种结构。

夹层结构通常由面板和夹芯胶接而成，其中面板要求强度高，夹芯要求重量轻。相比于普通的薄壁板，其抗失稳能力强，重量更轻。玻璃纤维、碳纤维在无人机中常被作为面板材料，夹芯的种类包括泡沫塑料、蜂窝夹芯（图8.4）、木质夹芯等。无人机的垂尾安定面等强度和刚度要求不高的部位多采用夹层结构。

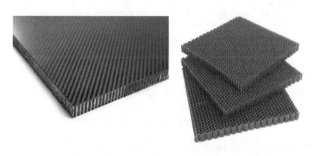

图 8.4　蜂窝夹芯结构

层压板结构是由多层浸有树脂的纤维、织物或板材经叠合、热压而合成的整体。层压板结构具有高强度、高刚度、非均质性、各向异性的特点，多用于梁凸缘、隔框等主要承力结构。

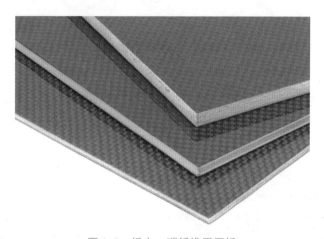

图 8.5　杨木 – 碳纤维层压板

8.1.2　金属材料结构制造

金属材料仍是现在航空领域使用最广泛的材料。在无人机领域，由于尺寸大小和应用场景的差异，金属材料应用比例也有差异，对于微小型无人机，仅在发动机、局部连接件等采用高性能金属材料；对于中大型无人机，蒙皮、翼肋、翼梁等主要结构采用金属材料是降低成本的可行方案。

金属制造加工简称金工，是一种把金属物料加工成为物品、零件、组件的工艺技术。对于无人机金属结构零件，主要使用以下四种常用的加工方式。

1. 金属塑性加工

金属塑性加工是指在外力作用下，金属坯料发生塑性变形，从而获得具有一定形状、尺寸和机械性能的毛坯或零件的加工方法，具体的加工工艺可分为锻压、挤压、轧制、拔制和钣金加工等。金属塑性加工的特点是零件在成型的同时，能改善材料的组织结构和性能，产品可直接制取或便于加工，无切削，金属损耗小。例如，无人机结构中翼肋部件（图 8.6）就常用钣金冲压的工艺，所用冲床如图 8.7 所示。

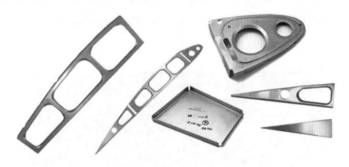

图 8.6　钣金加工的金属翼肋

图 8.7　钣金加工冲床

2. 车削加工

车削加工是指在车床上利用车刀对旋转的工件进行切削的加工方式，主要用于加工轴、盘、套等具有回转表面的零件，又可进行钻孔、铰孔、攻螺纹和滚花等操作，是金属切削加工中应用最广泛的一种。无人机上的转轴、起落架等部件常使用车削加工制造。

图 8.8　车削加工

3. 铣削加工

与车削加工不同的是，铣削加工的刀具在主轴驱动下高速旋转，而被加工工件处于相对静止状态。铣削加工适于加工平面、沟槽等成型面。无人机机身隔框就常通过铣削加工制造，如图 8.9 所示。

图 8.9　铣削加工

4. 数控加工

数控是数字控制（NumericalControl，NC）的简称，指用数字化信息对机床运动及其加工过程进行控制的一种方法。数控加工是根据零件图纸及工艺要求编写数控程序，并输入数控系统，控制刀具和工件的相对运动，完成零件加工的过程。通过数控加工，可以实现高精度、复杂型面零件加工，自动化加工的效率也更高。

数控机床除了单一功能的数控车床、数控铣床等外，还有综合多种加工方式的数控加工中心，可以使不同的加工工序复合在一台机床上，实现减少机床和夹具、提高加工效率的目的。通过数控加工中心，还可以加工普通机床无法加工的构型复杂的零件，如一体成型的涡轮叶片（图8.10）。无人机的金属零件类型多、形状复杂、加工难度大，数控加工是制造过程的主要技术手段之一。

图8.10 数控加工中心加工一体成型的涡轮叶片

8.1.3 增材制造

3D打印（如图8.11）又称增材制造、积层制造，以数字模型文件为基础，利用丝、块、粉等形状的塑料或金属，通过黏合材料或热源进行逐层堆叠累积，打印出的三维物体几乎可以拥有任何形状和几何特征。

图 8.11　3D 打印工艺

3D 打印设备称为 3D 打印机，这是因为分层加工的过程与喷墨打印十分相似，也是由控制组件、机械组件、打印头、耗材和介质等构成。3D 打印机与传统打印机最大的区别在于使用的"墨水"是实实在在的原料（图 8.12）。

图 8.12　3D 打印材料

传统的加工机床是在做"减法"（减材成型），即通过切削加工将一块物料不需要的地方去掉，但这就存在加工时刀具"伸不进、够不着"的问题，因此不能加工任意复杂的中空形状，而且去除掉的材料也被浪费了。

3D 打印这种一层一层堆积起来做"加法"的工艺（增材成型）则不需要

刀具、模具，所需工艺装备大幅度减少，生产周期大幅度缩短，可制造传统工艺难以加工甚至无法加工的结构，而且材料利用率大幅度提高。3D 打印特别适合复杂结构的快速制造、个性化定制、高附加值产品制造，在无人机领域，为了追求结构效率和减重要求，结构大量采用非标零件，因此非常适合应用3D 打印技术，例如无人机翼肋就可以使用 3D 打印制造（图 8.13）。2011 年，世界上第一架全 3D 打印制造的 Sulsa 无人机成功实现了首飞（图 8.14）。

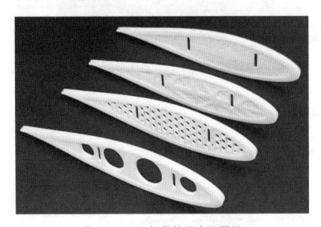

图 8.13　3D 打印的无人机翼肋

图 8.14　全 3D 打印的 Sulsa 无人机

目前主要的 3D 打印技术方法有以下三种。

1. 光固化立体成型（Stereo Lithography Apparatus，SLA）

图 8.15　光固化立体成型 3D 打印机

光固化立体成型技术是美国 3D System 公司首先开发成功的，使用的材料为液态光敏树脂（图 8.16）。在一定波长和一定强度的紫外激光的照射下，液

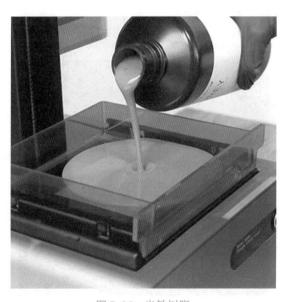

图 8.16　光敏树脂

态的光敏树脂会发生聚合反应，从液态转变为固态。这就是光固化 3D 打印的基本原理。

如图 8.17 所示，光固化成型时，升降平台处于一确定深度，数控指令控制反射镜偏转，使激光束在成型水平面上逐点扫描，也就是将一层树脂逐点固化。当一层固化完成后，升降平台上移一层的高度，再进行下一层的固化。如此重复进行，直到整个零件制造完毕。

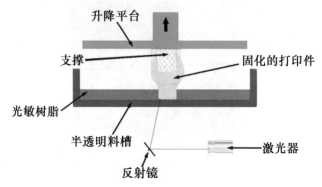

图 8.17　光固化立体成型原理图

光固化立体成型的打印精度高，可以制备结构复杂、尺寸高度精细化且镂空的零件（图 8.18）。然而，其制备的零件必须有支撑结构，目前可用的光敏树脂种类较少且价格昂贵，固化件的力学性能较低。

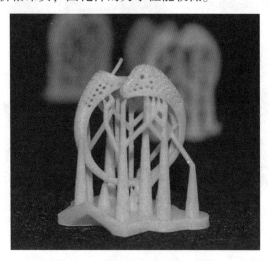

图 8.18　光固化立体成型打印件

2. 熔融沉积成型（Fused Deposition Modeling，FDM）

图 8.19　熔融沉积成型 3D 打印机

　　熔融沉积成型技术是一种通过将丝状热熔性材料加热至略高于熔点温度，并在计算机控制下将其涂敷在工作台表面，经冷却固化后成型的 3D 打印技术。成型开始时，打印机将打印材料涂敷到升降平台上，待一层材料成型完成后，喷头上移一层截面的高度，再次涂敷下一层，这样逐层堆积直至形成完整的三维工件。熔融沉积成型的原理如图 8.20 所示。

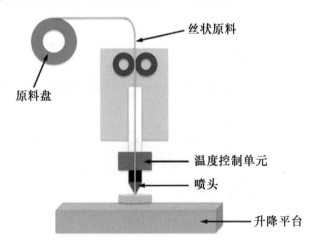

　丝状原料

　原料盘

　温度控制单元

　喷头

　升降平台

图 8.20　熔融沉积成型原理图

熔融沉积成型 3D 打印机结构简单，操作方便，材料种类丰富且成本低；但打印精度较低，难以制造结构复杂的零件，且打印出来的零件垂直截面方向的强度小，因而需要支撑，打印机喷头处也容易堵塞。

3. 选择性激光烧结（Selective Laser Sintering，SLS）

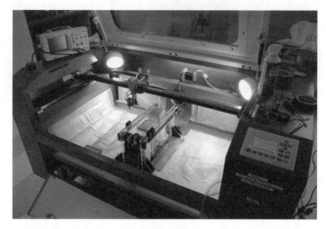

图 8.21   选择性激光烧结 3D 打印机

选择性激光烧结技术利用激光器作为能量源，通过选择性地熔化粉末成型材料来制作三维实体零件。选择性激光烧结 3D 打印的原理如图 8.22 所示，首

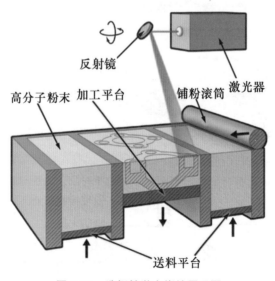

图 8.22   选择性激光烧结原理图

先送料平台上升，铺粉滚筒移动，在加工平台上铺一层粉末，然后由扫描系统控制反射镜偏转，使激光束对粉末进行扫描烧结，形成一层实体轮廓。第一层烧结完成后，加工平台下降一个分层的厚度，由铺粉滚筒再铺上一层粉末进行下一层烧结，如此循环往复形成三维的零件实体。

选择性激光烧结 3D 打印机使用的成型材料十分丰富，高分子材料、陶瓷、金属、覆膜砂及其复合粉末等均可作为成型材料。选择性激光烧结还具有制造工艺简单、打印精度高、材料利用率高、无须支撑的优点，是最具发展前景的 3D 打印技术之一。

图 8.23　选择性激光烧结粉末及成型零件

8.2　无人机装配

无人机零部件和设备就绪后，需要进行装配才能形成一架完整的无人机。其装配过程包括机体结构装配、机载设备装配以及动力系统装配等（图 8.24）。各个装配过程并不一定是按时间顺序串联完成的，经常是相互穿插开展，在最后总装配中，再将各个部分整合，形成功能完备的无人机。

模块化设计是将无人机各部件分为各个独立的子模块进行统筹设计。这样可以使各个独立的制造商或部门单独生产和检验其模块，并行开发设计，能够有效降低无人机装配复杂度，并且可以便捷地更换某一子模块。这样便于无人机的设计、制造、装配和使用，是一种先进的设计方法。一般无人机系统可分为机体结构模块、航空电子设备模块和动力系统模块等。

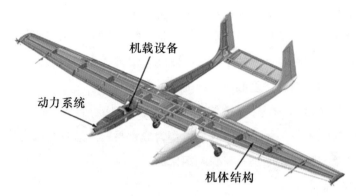

图 8.24 无人机装配示意图

8.2.1 机体结构模块装配

无人机的机体结构（图 8.25）是无人机的基础构架，所有机载设备、动力装置及任务载荷等都要安装在机体结构上才能发挥相应的功能。对于无人机的飞行，机体结构是无人机系统与空气直接相互作用的模块，其外形和结构布局直接影响飞行性能。

以最常见的固定翼无人机为例，机体结构主要包括机身、机翼、平尾、垂尾、起落架等部件。

图 8.25 荷兰 PD-1 无人机机体结构组成

1. 机身

无人机机身常用铝合金或复合材料制造，通常为面对称布局，整体式半硬壳结构，具备多个大开口舱段，并设置口盖，便于安装机载和任务设备，也提高了维护的便利性；同时还会设计安装多种连接结构，用于与其他机体结构相连。

图 8.26　以色列国有航空工业公司（IAI）无人机装配

2. 机翼

无人机机翼是产生升力的主要部件，受到的气动力也是最大的，因此需要着重考虑装配连接的结构受力问题。机翼一般采用梁式结构——翼展方向主要承担弯矩的盒型梁、气流方向起维形作用的翼肋以及上下表面蒙皮。对于翼梁、翼肋和蒙皮之间的连接，微小型无人机常采用胶粘工艺，中大型无人机采用胶粘或机械连接（铆钉）等装配方式。

机翼与机身之间主要有两种连接形式：一种是机翼不通过机身，机翼在机身侧边与机身加强框直接对接（图 8.27），多用于中单翼布局，对接处为机翼的设计分离面；另一种是左右机翼连成一体，通过中央翼与机身连接（图 8.28），适用于上单翼或下单翼布局。

图 8.27　欧洲"神经元"无人机机身和机翼装配对接

图 8.28　"全球鹰"无人机机身和机翼连接装配

无人机平尾和垂尾（图 8.29）可以看作较小的机翼，连接方式类似。

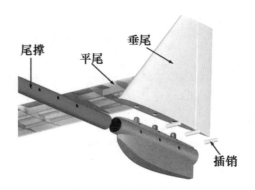

图 8.29　尾翼的连接

3. 舵面

操纵舵面（图 8.30）是指无人机的襟翼、副翼、升降舵、方向舵等气动舵面，用于控制无人机在空中机动飞行。无人机多采用硬式操纵传动形式（图 8.31），主要由舵机、摇臂、操纵拉杆、舵角等结构件构成。

图 8.30 美国 Outlaw G2 无人机舵面（副翼、升降舵、方向舵均由电子舵机控制）

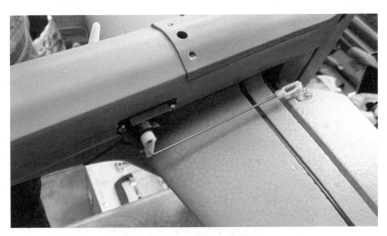

图 8.31 无人机舵面结构

4. 起落架

无人机起落装置一般采用结构强度较高的材料，如结构钢、碳纤维复合材料等，主要承受起飞和降落过程的冲击载荷。起落架一般安装在机身下部，采用高强度螺栓紧固（图8.32）。

图 8.32　无人机起落架的安装

8.2.2　航空电子设备模块装配

1. 机载设备

机载设备是指无人机安全飞行所必需的机上设备，如飞控计算机、导航设备、舵机等。机载设备一般常用带安装耳片的金属盒形式（图8.33），在耳片处通过螺栓螺母固定到机体结构上。

安装耳片

图 8.33　无人机机载惯导设备

2. 任务载荷

　　任务载荷（图 8.34、图 8.35）是指无人机系统完成特定飞行任务所需要携带的设备。任务载荷一般布置在任务设备舱中，通过螺栓螺母固定。

图 8.34　无人机机载雷达的安装

图 8.35　MQ - 9 无人机搭载的卫星通信设备

3. 线缆

线缆是航空电子设备中重要的电气组件,可以看作无人机系统传导全机的神经网络,起到供电和传输数据信号的作用。无人机线缆的排布应按安全性、维修性和经济性的顺序进行考虑,布线应达到:可靠性最高;系统间干扰和耦合最小;检查和维修的可达性好;能预防损坏;便于拆卸和完整地更换线束(图 8.36)。

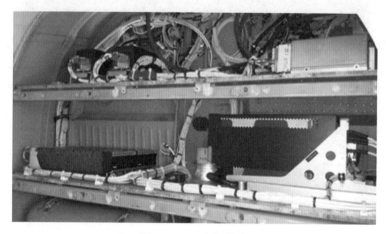

图 8.36　无人机线束

线缆在安装时应确保自身的安全。不属于燃油系统的布线不应穿过燃料箱铺设,当必须连接燃料箱内安装的设备时,应选择耐油线缆。线束靠近拉杆、摇臂等活动部件的部位,应有刚性固定措施进行线束紧固,线束与活动部件的全行程各位置的间隙应大于 30 毫米。线束在穿过结构隔板开口处,必须安装卡箍固定,否则线缆在开口处摩擦易破损或断裂。

线束的排布应避免各电线之间产生电磁干扰,并且便于生产、拆装和维护。通常情况下,接向同一电连接器的电线、电缆应分束在同一线束内;不同类型的电线电缆,如信号线与功率线,应当分开布线(图 8.37),以免造成电磁干扰。布线时,可以利用无人机结构空间来分离各类线束(如沿机身布线,可以分左右和上下线束)。若无人机内部空间过于狭小,很难将各类线缆分离开,则应在线束外表面套上防波套加以防护(图 8.38)。

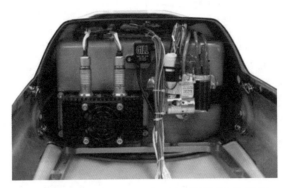

图 8.37 美国"企鹅 B"无人机线缆区分和防护

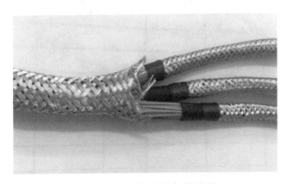

图 8.38 加装防波套的线缆

为方便接线，每根电线或电缆在布线前均应在其绝缘护套或附加标记套管上添加标识。标签仅需在每根线的端部添加，无须在电线、电缆全长上注明标识（图 8.39）。

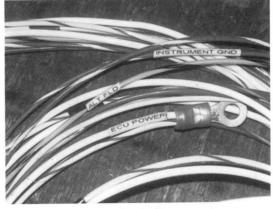

图 8.39 线缆标识

4. 电连接器

线缆的插接主要通过电连接器完成。对于高可靠性的航空插头（图8.40），一般在插接后通过螺纹锁紧，其连接牢固性、耐潮、耐腐蚀等性能都较好。对于一般的无人机电连接器，如杜邦接头，通常需要在连接后通过安装卡扣（图8.41）或热熔胶黏结来防止松脱。

图8.40　高可靠性的航空插头

图8.41　接头安装防松卡扣

8.2.3　动力系统模块装配

动力系统是无人机能够在空中飞行的动力来源，一般分为电动动力系统和燃油动力系统。在无人机动力系统中，金属材料所占比例大，结构重量和密度较大，装配位置需要根据整机的重量重心进行匹配。

1. 电动动力系统

电动动力系统装配主要包括电动机的安装、动力电源线和控制线缆的装配（图 8.42）。电动机一般振动较小，与机身连接时通常不需要额外增加减震结构。动力电源线的电流一般较大，常与控制线缆分开布线。电动机为了便于散热，一般转子和定子均不密封，因此装配过程中尤其要注意防止沙尘、金属屑、碳粉等进入电动机内，否则容易造成电动机短路损坏。

图 8.42　固定翼无人机的电动动力系统

2. 燃油动力系统

燃油动力系统一般振动较为剧烈，与机身连接需要增加额外的减震结构，如减震垫或减震柱（图 8.43），从而降低对机载设备的影响（尤其是飞控系统的惯导设备，极易受到振动影响造成姿态判断失误）。

橡胶减震柱

图 8.43　无人机发动机通过减震柱安装

　　燃油动力系统在安装时，需要完成油路系统的装配，包括燃料箱和油管的安装。燃料箱和油管需要注意密封性，在装配前和装配后都需要开展密封性测试，一般向油路系统打入一定压力的空气，确保一段时间不漏气即可。另外，油路中需要安装燃油过滤器，需要根据油路结构、燃油性质、油压等参数综合选择合适的过滤器，过滤器不合适可能导致燃油供给不畅，不加过滤器则会增大发动机停车的危险。燃油管线通过机体开口处也需要进行额外防护，如在油管外部套防护套或采用卡箍固定，减小油管摩擦破损的风险。装配过程中，燃油发动机同样需要做好防尘保护，防止沙尘、金属屑、碳粉等进入发动机内部，造成发动机损坏。

8.2.4　无人机总装配

　　无人机总装配就是把已制成的机体结构部件对接，并进行各模块和功能系统的安装、调整、试验及检测，使无人机成为具有飞行功能和使用功能的完整的整体。

　　无人机总装配的基本任务是无人机的高完整性。在总装配过程中，不能遗漏或错装任何一个零件，否则可能危及无人机的使用安全。在总装配中，功能调试是重点，是对无人机装配质量的总检验，在此过程中需要严格操作、严格检验，以免某些差错或疏忽造成无人机飞行中的事故。无人机总装配涉及的工种多、专业性强，需要由不同专业的人员共同完成。因此，在总装配过程中，

图 8.44　无人机总装配

工作人员需要进行充分的沟通，且应具有良好的专业素养和极强的责任心，共同保障无人机总装配顺利进行。

本章习题

1. 复合材料运用在无人机机体结构上有何优势？
2. 无人机复合材料部件制造的成型方式一般有哪几种？
3. 热压罐成型工艺有何难点？
4. 热压罐成型工艺一般包含哪些步骤？
5. 复合材料夹层结构和层压板结构有何区别？
6. 金属车削加工和铣削加工有何不同？
7. 相比传统切削加工，增材制造有何优点？
8. 金属 3D 打印通常采用哪种成型方式？
9. 机翼与机身之间有哪两种连接方式？
10. 无人机上的线缆在什么情况下会产生电磁干扰？
11. 无人机常用哪些电连接器？使用时有哪些注意事项？
12. 安装电动动力系统时需要注意什么？
13. 如何进行发动机油路的密封性检查？
14. 为何需要在油路中安装燃油过滤器？
15. 无人机总装配有什么要求？

参考文献

［1］贾立军，朱虹. 复合材料加工工艺［M］. 天津：天津大学出版社，2007.

［2］张元明，赵鹏飞，何颖，等. 热压罐成型小型无人机机体结构用复合材料［J］. 玻璃钢/复合材料，2005，000（002）：53-56.

［3］潘荣华，宋国栋，杨学永. 无人机复合材料结构和制造工艺［J］. 南京航空航天大学学报，2009，041（B12）：119-122.

［4］彭大暑. 金属塑性加工原理［M］. 长沙：中南大学出版社，2004.

［5］韩志仁，郑晖，贺平．飞机制造技术基础——机械加工［M］．北京：北京航空航天大学出版社，2015.

［6］韩志仁，贺平，郑晖．飞机制造技术基础——热加工、塑性加工及数字化制造［M］．北京：北京航空航天大学出版社，2015.

［7］卢秉恒，李涤尘．增材制造（3D打印）技术发展［J］．机械制造与自动化，2013（04）：1-4.

［8］黄晓明，张伯霖．光固化立体成型技术及其最新发展［J］．机电工程技术，2001，30（005）：21-23.

［9］冯淑莹，张慧梅．浅论熔融沉积成型工艺的研究进展［J］．科学技术创新，2020（24）.

［10］潘琰峰，沈以赴，顾冬冬，等．选择性激光烧结技术的发展现状［J］．工具技术，2004（06）：3-7.

［11］航空制造工程手册总编委会．航空制造工程手册·飞机装配［M］．北京：航空工业出版社，2010.

第 9 章　无人机试验

无人机试验是指在无人机的研发、生产、使用和维护过程中进行的一系列测试、验证和相应的结果分析，是所有无人机研制生产中必不可少的环节。开展无人机试验，一方面是为了获取无人机各部分的特征数据，得到无人机在实际工作中的性能；另一方面是排除无人机系统中潜藏的问题，确保各系统正常工作，以保障无人机的飞行安全。随着无人机系统复杂性的日益增加，其运行的风险性越来越高，试验也起到关键的作用，在无人机研制生产中占有重要的地位。

无人机试验可分为地面试验和飞行试验两大类。地面试验的作用是对无人机各系统做初步验证，排除潜在的隐患，为飞行试验提供支撑和保障，一般有风洞试验、静力试验、起落架落震试验、动力系统地面试验、任务设备地面试验、地面全系统试验等。飞行试验是在真实飞行中开展的试验，是对无人机的全面考核和最终验证，包括气动性能试验、动力系统飞行试验、飞行控制系统试验和机电系统飞行试验等。

开展无人机试验，有时存在一定的危险性，例如在进行动力系统试验时，易燃易爆的燃油、高速旋转的螺旋桨都是潜在的危险源。所以在进行试验时，试验人员要提高安全意识，做好防护。另外，在进行无人机试验前需要仔细检查试验装置，充分了解试验步骤和注意事项，避免因为简单的人为错误导致试验失败，造成人员伤亡和试验设备的毁坏。在试验的过程中，要对试验现象和数据做好记录并妥善保管。试验后形成试验报告，以便后期参考。

9.1　无人机地面试验

对无人机的整体性能进行验证，最彻底的方法就是直接开展飞行试验，观察其飞行表现。但无数工程经验表明，任何一点微小的错误都有可能导致无人机坠毁的重大事故。钱学森曾说："一定要把一切错误消灭在地面上。"地面试验的一个重要作用就是在飞行之前排除无人机系统中的隐患，确保无人机各个系统能够正常工作，为无人机的安全飞行提供保障。

与飞行试验相比，地面试验易于控制试验条件，便于安装试验设备，操作方便，试验效率高，且成本低。即使试验失败，通常也不会像坠机一样造成重大损失。需要注意的是，在进行地面试验时要尽可能模拟空中飞行状态，尽量减小地面环境与空中飞行环境的差异，以增加地面试验结果的可信度。尽管如此，地面试验和飞行试验的环境和条件的差异是无法避免的，地面试验的结论最终还需要以飞行试验作为验证。

无人机地面试验项目主要有风洞试验、结构静力试验、振动试验、疲劳试验、热强度试验、耐久性试验、损伤容限试验、动力系统试验、任务设备试验、地面全系统试验、环境试验、寿命试验和 RMS（可靠性、维修性、保障性）试验等。下面对风洞试验、静力试验、起落架落震试验、动力系统地面试验、任务设备地面试验、地面全系统试验做简要介绍。

9.1.1　风洞试验

在无人机设计过程中常使用数值模拟方法检验无人机的气动特性，然而由于目前数值模拟的理论体系尚不完整，无法完全精确地模拟真实的流动情况，对于无人机的气动设计仍需要在真实气流下进行试验。风洞试验成本低、操作方便、安全可靠，是进行真实流动试验的首选。

风洞是能够产生和控制气流，以模拟飞行器或物体周围气体的流动，并可量度气流对物体的作用以及观察物理现象的一种管道状试验设备。典型风洞的结构由动力段、扩散段、稳定段、收缩段和试验段组成，如图 9.1 所示。动力段中装有风扇，用于驱动空气在风洞中流动；导流片可以使气流顺畅地转向；

阻尼网用于降低气流的湍流度和不均匀度。无人机风洞模型安装在试验段中接受观察和测量。

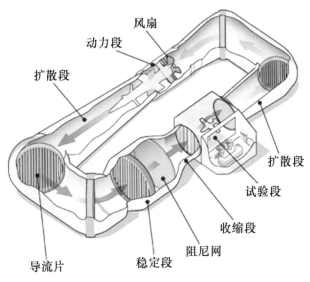

图 9.1 风洞示意图

在风洞试验中,试验段中的无人机模型是固定不动的(图 9.2),与实际飞行情况不同。然而,由于相对飞行原理,无人机在静止空气中高速飞行和空气反方向同速流过固定不动的无人机这两种情况,在无人机与空气间的相互作用上是等效的。因此,可以用风洞试验来反映真实飞行情况。此外,将无人机模型固定也便于控制模型姿态、观察流动现象以及测量模型受到的气动力。

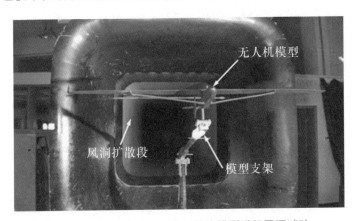

图 9.2 "冯如三号"无人机缩比模型进行风洞试验

在进行风洞试验时，可以改变无人机模型的姿态以及来流速度，在不同状况下测得整个模型的升力系数（图9.3）、阻力系数、俯仰力矩系数、升阻比等基本气动参数，还可以对无人机的抖振特性、颤振特性、气动声学特性等进行研究。

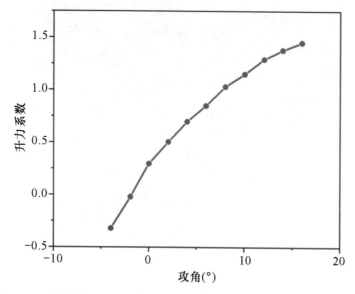

图 9.3　通过风洞试验得出的某无人机全机升力系数随攻角的变化曲线

通过风洞试验，可以对真实气流中无人机的气动性能做出评估，验证无人机的气动设计方案是否达到设计指标。然而，风洞中气流品质、模型支架和风洞壁的干扰等因素会导致风洞试验的数据与无人机真实飞行实验结果之间存在一定的偏差。因此，风洞试验只能作为无人机气动设计的参考，最终仍然需要实际飞行试验的验证。

9.1.2　静力试验

无人机静力试验是无人机结构试验中的一种，通过在试验对象上人为施加静态载荷来模拟设计时考虑的各种受载情况，从而验证无人机结构的承载能力、变形形状等特性是否达到设计要求。图9.4为无人机机翼静力试验的加载方案。

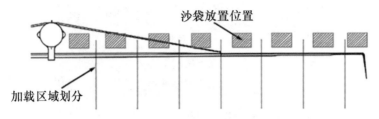

图 9.4　"冯如三号"无人机机翼静力试验的加载方案

无人机静力试验可分为部件静力试验和全机静力试验。部件静力试验可为全机静力试验提供保障，有效降低全机试验的风险，缩短无人机研制周期，节省研制费用，其中最为常见的就是机翼的静力试验，如图 9.5 所示。全机静力试验可以完全、真实、准确地验证无人机的结构特性。只有通过全机静力试验，才能最终确定无人机结构承载能力等是否满足设计要求。

图 9.5　"冯如三号"无人机机翼静力试验

加载静载荷有两种方法——放置沙袋等重物或使用液压装置加载。当加载载荷不太大时，通常用堆沙袋的方式进行加载。若要实现较大的加载量，则需要使用液压装置进行加载（图 9.6）。此外，使用液压装置还有加载精确、自动化程度高和可以多点协调加载等优点。

进行静力试验前，要按照预计的受载情况合理设计加载方案。在试验时根据加载方案逐渐改变加载量，并做好应力、挠度等的测量和记录，最后将试验结果与设计指标相对比，从而判断无人机结构是否符合设计要求。

图 9.6   使用液压装置对机翼进行加载

一般来说，静力试验与理论分析计算互相验证、互为补充，但当因结构的复杂性和受力的特殊性而无法进行精确理论分析和计算时，静力试验就成为确定结构强度、刚度和稳定性的不可或缺的重要方法。

9.1.3   起落架落震试验

作为最常用的无人机起落装置，起落架可以吸收无人机的着陆能量，减小无人机着陆载荷，起到保护无人机结构的作用。为保障无人机着陆安全，有必要在地面对无人机起落架进行落震试验，以验证起落架的缓冲性能和结构合理性。

对于一般性的验证，可在起落架上放置一定量的重物并从一定的高度自由释放，以模拟机体的质量和起落架触地时的下沉速度，如图 9.7 所示。此时既可使用图中的简易试验装置，也可直接用安装好起落架的无人机机身进行试验。试验时观察起落架的变形情况和缓冲性能，检查起落架是否有破坏。

提升至预定高度

自由下落

触地

图 9.7　起落架落震试验过程

　　对于更加严格的试验，则需要用专门的起落架落震试验台对起落架进行测试。如图 9.8 所示，起落架落震试验台通常包括落震平台、滑轨、机轮带转装置和地面测力平台等部分。落震平台上安装有起落架和模拟无人机质量的重物。试验时，先将落震平台提升至预定高度；然后使用机轮带转装置使机轮转动，模拟着陆时起落架与地面的水平相对速度；最后释放落震平台，并对其施加模拟机翼升力的力。在起落架下落和缓冲、回弹过程中测量起落架的位移、速度和加速度，以验证其运动特性；在冲击时，测量地面施加起落架的冲击载荷和起落架上的应变，以验证起落架的强度和刚度。试验后结合试验观察和数据分析来验证起落架的性能是否符合要求。

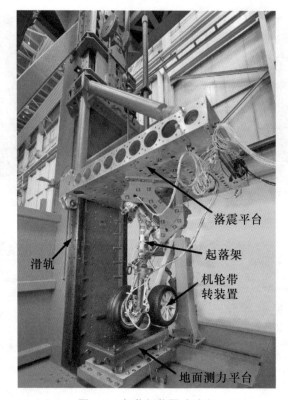

落震平台

起落架

机轮带
转装置

滑轨

地面测力平台

图 9.8　起落架落震试验台

9.1.4　动力系统地面试验

动力系统是无人机系统中的关键子系统。无人机飞行时动力系统一旦出现问题，就很可能无法维持飞行，容易造成坠机事故。因此需要在地面上对动力系统进行充分试验，一方面得出其转速、温度、工作稳定性和耐久性特征，为动力系统的使用范围设定边界，以保障飞行安全；另一方面对输出功率、推力和耗油率等进行测量，以便验证能否达到无人机的动力要求和续航指标。动力系统地面试验测得的数据也可以作为动力系统飞行试验的参考。

进行动力系统地面试验首先要在试车台上将发动机固定好（图 9.9）。对于简易的测量，可以使用光电转速表、拉力计、扭矩表、红外测温枪来测量转速、拉力、扭矩、温度，通过总的耗油量和总的运转时间简单得出耗油率。条件允许时，还可以使用更精密、易用的传感器，并由计算机实时收集数据。

图 9.9　无人机动力系统地面试验装置

　　根据不同的试验设计，可以按不同的方法开展动力系统地面试验，以获得
动力系统在不同方面的特性。例如可以测量发动机在不同转速下的功率、扭矩
和耗油率，并绘制成曲线图，如图 9.10 所示；也可以按某一固定转速运转，
评估发动机总的耗油率、稳定性和耐久性等。

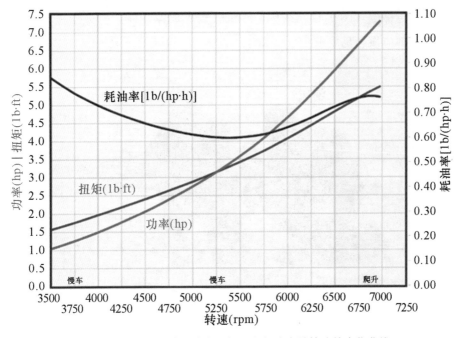

图 9.10　无人机发动机功率、扭矩和耗油率随转速的变化曲线

进行动力系统地面试验时一定要重视其危险性。发动机的安装一定要牢靠，预防由振动造成的部件脱落和发动机飞出等事故。高速旋转的螺旋桨有极大的"杀伤力"，若不慎碰到，很容易使人皮开肉绽。如果螺旋桨断裂飞出，会造成猛烈的撞击，因此试验人员严禁接近螺旋桨所在平面（即桨平面）。另外，也要严禁烟火，防止燃油起火或爆炸，在试验时需配备灭火器。

9.1.5　任务设备地面试验

无人机可以搭载种类繁多的任务设备，但不论使用哪些设备，在无人机系统中都表现为独立的系统，能够在飞行控制系统的控制之下独立工作。因此，在飞行试验之前，可以对任务设备进行单独测试，验证机载电源能否支持设备的正常运转、飞控计算机能否正常控制任务设备和读取设备信息、任务设备本身能否按要求执行它们的功能。

由于任务设备的独立性，甚至可以在无人机平台制造好之前依托其他无人机平台进行任务设备测试。测试时需要正确连接供电线路以及传感器、任务设备和飞控计算机之间的通信线路，然后通过飞控计算机进行操控任务设备的试验。以光电吊舱（图9.11）为例，测试过程中成像性能、镜头控制、吊舱的稳定性等都应该满足要求。

图9.11　无人机光电吊舱地面试验

9.1.6　地面全系统试验

在此之前，无人机在地面进行的试验都是分系统试验。在分系统工作良好的情况下，有必要对无人机进行全系统联合试验，以便验证各个分系统是否能同时在飞行控制系统的控制下正常工作，各个分系统之间是否存在有害的相互作用。进行地面全系统试验可以进一步降低首次飞行中的风险。

在全系统试验时，有必要使用无人机地面测试台（图 9.12）。在测试台上，无人机应尽可能完成所有的控制动作。对固定翼无人机还可以使用具有摇摆功能的先进测试台，使无人机在不同姿态下进行测试，甚至可以在风洞中进行接近真实飞行状态的测试。

图 9.12　多旋翼无人机地面全系统试验

在全系统测试中，要注意在发动机的整个转速范围内测试振动对机上任务设备和敏感元件的影响。同时，需要评估无人机中的温度分布情况，排除温度过高的危险。另外，需要测试数据链路在远距离传输时是否正常工作，机上线路间是否存在电磁干扰。如果回收装置使用降落伞和气囊等，也要在测试台上测试它们是否能正常释放和展开。

9.2　无人机飞行试验

飞行试验又称试飞，是指在真实飞行条件下进行无人机型号试验和科学研究的过程，通常在无人机研发的最后阶段进行，是对无人机设计、制造和地面试验结果的最终验证（图9.13）。

图 9.13　"冯如三号"无人机开展飞行试验

与地面试验相比，飞行试验是对无人机的全面测试，涵盖了无人机研制所涉及的所有专业，任何缺陷和故障在试飞中都有可能导致严重后果，探索新技术和飞行极限的试飞科目更是加大了飞行试验的风险性。

无人机飞行试验可分为型号飞行试验和研究性飞行试验。型号飞行试验是针对某一无人机型号的性能和可靠性等进行的飞行试验；研究性飞行试验则是以无人机作为平台，对新型任务设备或新型气动布局等新技术进行研究和验证。

不论何种飞行试验，试验的内容都非常复杂，因而耗资巨大，周期漫长。主要的飞行试验科目包含气动性能试验、动力系统试验、飞行控制与飞行品质试验、机电系统试验、结构试验、发射与回收系统试验等，每个科目中还有更为繁杂的试飞内容。下面将选取四种主要的飞行试验做简要介绍。

9.2.1　气动性能试验

气动性能试验的目的是验证无人机平台的气动特性，得出无人机平台的使用效能，并为无人机的安全飞行提供保障。因此，无人机的气动性能试验通常是首先进行的，是其他试飞科目成功的前提。

由于无人机气动性能试验针对的是无人机平台的气动特性，所以试飞时无人机不一定需要处于系统的全技术状态，例如可以不装载任务设备。在进行试验时，无人机要经历起飞、爬升、巡航、下降和着陆的飞行过程，其中还可以穿插一些有针对性的机动动作。在飞行过程中实时监测无人机的速度、高度、爬升率、下沉率、姿态角和位置坐标等参数，观察无人机的起降性能、爬升性能、巡航性能、下降性能和飞行稳定性（图 9.14），验证无人机的气动布局是否合理，气动舵面能否正常控制无人机飞行姿态等。

图 9.14　观察无人机飞行性能

9.2.2　动力系统飞行试验

由于地面环境与飞行环境的差异，许多对动力系统有影响的飞行条件难以在地面模拟，如气压的变化、突风、颠簸等。此外，随着燃油的消耗，无人机所需的升力逐渐减少，所需推力也因此减少。加之无人机姿态的不断改变，动力系统状态处于动态变化中。因此，除了地面的动力试验，还有必要在飞行中对动力系统进行测试，以验证动力系统能否在飞行包线内正常工作和控制，能否提供足够的推力和功率，并得出安全飞行油量、不同飞行状态下的耗油率以及动力系统所能支持的续航时间和最大航程。

在进行动力系统飞行试验时需要控制无人机在预定的飞行状态下飞行，并在飞行控制系统的协调下实时监控动力系统状态。通过传感器测得转速、温度、推力、功率、油量等参数，并与飞行姿态、飞行速度和高度等飞行数据相结合，对动力系统参数进行记录和分析，进而得到试验结果。

9.2.3　飞行控制系统试验

飞行控制系统泛指所有与飞行控制有关的装置，包括地面站、数据链路、飞控计算机、定位导航系统和无人机操纵系统等。试验的目的是验证飞行控制系统各部分之间能否协调工作，控制逻辑是否合理以及控制功能能否实现。飞行控制系统相当于无人机的大脑，一旦出现错误，极易引起严重事故，因此有必要对飞行控制系统进行充分的试验。

由于飞行控制系统十分复杂，在进行飞行试验前要仔细检查系统各部分的状况，确保整个系统能够正常工作。在试飞中逐步测试飞行控制系统的所有功能。在测试中观察传感器、定位导航系统等能否准确获取数据，数据链路的数据传输是否通畅，地面站和飞控计算机能否正常实现其功能，机上操纵系统能否按指令正常工作，进而完成对飞行控制系统的验证。

9.2.4　无人机起降系统试验

无人机的起飞和降落是无人机飞行的必经环节。在起降过程中无人机往往会受到冲击载荷，有的起飞方法还存在一定的安全隐患。因此，需要起降系统飞行试验，以保障无人机结构安全和飞行安全。

最为常用的起飞与降落方式是使用轮式起落架进行滑跑起飞和降落。在无人机正式起飞之前，要在一定速度范围内进行滑跑试验，验证滑行时的转弯能力和精确保持直线滑行的能力等，为飞行试验打下基础。在无人机加速起飞时，检验滑跑振动条件下无人机的结构牢固性及姿态的稳定性，抬头离地时检验无人机抬前轮的能力。在着陆时，观察起落架受到冲击后是否对无人机姿态造成不利影响，检验刹车效率是否满足要求。着陆后，要检查着陆冲击是否造成起落架和机体的变形和破坏。

对于采用其他起飞方式的无人机，如弹射起飞（图 9.15）、火箭助推起飞、车载发射、空中发射等，需要验证无人机能否正常释放，在起飞时无人机受到的载荷是否会对机体结构造成不利变形或破坏，是否会与发射装置相碰撞，以及起飞过程是否会影响无人机正常的飞行姿态等。

图 9.15　无人机弹射起飞

除了轮式起落架滑行降落之外，还有机腹着陆、伞降回收、撞网回收和撞线回收等回收方式。对于这些回收方式要验证是否会对无人机结构和部件造成损坏；对撞网回收和撞线回收等方式还要验证无人机在飞行控制方面能否准确地飞到预定位置。

本章习题

1. 无人机地面试验和飞行试验有什么区别和联系？
2. 查找资料，列出验证无人机气动特性的方法，并对比它们的优缺点。
3. 风洞一般有哪些组成部分？
4. 风洞试验依据的原理是什么？

5. 什么是无人机静力试验？通过静力试验可以验证无人机的哪些性能？

6. 进行起落架落震试验时，为模拟真实降落状态，需考虑哪些因素？试验时需要测量哪些参数？为什么？

7. 无人机动力系统地面试验可以测得哪些参数？这些参数对动力系统的改进有什么意义？

8. 地面全系统试验对无人机试验有何意义？

9. 无人机飞行试验有何特点？

10. 探究首飞对无人机型号的意义，其成功与否会有什么影响。

11. 无人机动力系统效能可以仅利用地面试验验证吗？为什么？

12. 无人机飞行控制系统对无人机的安全飞行有何意义？

13. 无人机的发射和回收过程中有哪些可能存在的危险？

14. 进行无人机试验时，有哪些安全方面的注意事项？

参考文献

[1] 张聚恩，万志强. 空天工程通识 [M]. 北京：北京航空航天大学出版社，2020.

[2] 李周复. 风洞试验手册 [M]. 北京：航空工业出版社，2015.

[3] 邢琳琳，高培新. 飞行原理 [M]. 北京：北京航空航天大学出版社，2016.

[4] 中国航空工业空气动力研究院. 航空气动力技术 [M]. 北京：航空工业出版社，2013.

[5] 强宝平. 飞机结构强度地面试验 [M]. 北京：航空工业出版社，2014.

[6] 奥斯特恩. 无人机系统设计、开发与应用 [M]. 陈自力，等，译. 北京：国防工业出版社，2015.

[7] 周自全. 飞行试验工程 [M]. 北京：航空工业出版社，2010.

[8] 金伯林. 固定翼飞机的飞行试验 [M]. 张炜，田福礼，译. 北京：航空工业出版社，2012.

[9] 昂海松，郑祥明，金海波. 无人机系统设计导论 [M]. 北京：科学出版社. 2018.

[10] 法尔斯特伦，格里森. 无人机系统导论 [M]. 郭正，等，译. 北京：国防工业出版社，2020.

第 10 章　无人机最新发展

随着无人机的需求不断扩展，无人机正朝着协同化、智能化等方向发展，新技术也不断涌现。本章选取了几款无人机最新发展，介绍了其发展背景、技术原理以及发展现状。

10.1　无人作战飞机

无人作战飞机（UCAV）的概念出现在 20 世纪 90 年代中期，它是一种集合了侦查、监视、作战等多种功能的作战平台，通常与有人机进行协同作战。无人作战飞机无须搭载飞行员生命保障设备，也不必考虑飞行员的生理极限，可获得更高的战斗机动性。另外，有人战斗机 80% 的寿命周期消耗于飞行员的飞行训练上，而无人作战飞机则可以直接执行任务，因而可以缩短设计寿命周期，降低成本。

无人作战飞机具有用途多、生存能力强、作战环境要求低等优点，是信息战和网络中心战的重要装备。目前无人作战飞机的典型用途包括情报侦察、军事打击、信息对抗、通信中继、空中预警、空中加油等。其中，"忠诚僚机"、无人加油机和无人机蜂群就是很好的代表。

10.1.1　"忠诚僚机"

1. XQ–58A 无人机

战斗机飞行员培养成本高，周期长，任何的伤亡都会带来巨大的损失，而且战斗机在空中作战时，往往不是单独作战，而是采用多机编队配合作战。此时如果由有人机作为长机，指挥无人僚机执行危险的任务（图 10.1），则可以避免或减少人员损失，这就是无人作战"忠诚僚机"的理念。

图 10.1　长机指挥无人僚机执行任务

在一些高强度的对抗中，有人/无人机可以相互掩护，在必要时无人机可以通过主动暴露自己来充当有人机的替身，而有人机也能利用自身载弹量大和射程远的优势来为无人机提前清除威胁。另外，有人机也可在对方防空火力之外进行指挥控制，避免遭受敌方打击。

按照美军的构想，每架 F-35 战机配备多架无人机协同作战。这些无人机不仅可以为 F-35 战机提供各种支援，也可以对敌目标实施打击。在具体作战中，F-35 作为指挥机，无人机作为侦察/攻击机，通过数据传输和通信进行密切协同，利用无人机自身较好的隐身性优势深入敌防区完成对目标的探测、识别和评估，再将收集到的信息和评估结果回传位于较远位置的 F-35，由飞行员完成信息整合，做出战术决策，并引导无人机发动攻击。

在"忠诚僚机"的构想下，美军研发了 XQ-58A "女武神"无人机（图 10.2），并于 2019 年 3 月 5 日完成了首飞。XQ-58A 被设定为低价重复使用、可大量部署的无人机，一架 XQ-58A 的成本大约为 200 万到 300 万美元，这就使得指挥官可以积极调派它们，并且作战损失在可承受范围内。除此之外，XQ-58A 还具备隐身性，拥有高亚音速、远程巡航和高机动性的优点，这使

它有能力成为一架性能良好的僚机。美国空军研究实验室正在研发安装在
XQ-58A 无人机上的感测器与武器系统，而且还希望在未来可以植入人工智
能，以便能够与飞行员一起训练、学习，提高战斗技能，并能够独立应对
威胁。

图 10.2　XQ-58A "女武神" 无人机

2021 年 3 月，美国空军研究实验室在犹他州尤马试验场完成 XQ-58A
无人机第六次飞行试验，并首次展示了 XQ-58A 无人机内埋弹舱的挂载
能力。

2. ATS 无人机

虽然 "忠诚僚机" 起源于美国，但是其理念的先进性也激励其他国家纷
纷开始了在该领域的研究，其中澳大利亚就对此十分重视。2020 年 2 月，波
音澳大利亚分公司公布完成了三架 "忠诚僚机" 原型机的机身结构组装。同
年 3 月，波音公司表示与澳大利亚工业部门合作，为澳大利亚皇家空军开发
"忠诚僚机" 无人机项目。图 10.3 为 "忠诚僚机" 与 F/A-18 联合作战示意
图。该机可以通过更换装备不同载荷的模块化机头（图 10.4），用于执行不同
任务。

2021 年 2 月，波音澳大利亚公司在澳皇家空军基地完成 "忠诚僚机" ATS
的原型机首飞。同年 11 月，完成双机编队试飞，期间开展了一系列关键系统
性能测试和飞行数据采集。图 10.5 为澳大利亚 "忠诚僚机" ATS 原型机首飞。

图 10.3　ATS 无人机与 F/A–18 联合作战示意图

图 10.4　"忠诚僚机"的模块化机头

图 10.5　澳大利亚"忠诚僚机"ATS 原型机首飞

10.1.2　无人加油机

2016 年 2 月，美国海军提出了 CBARS（舰载空中加油系统）项目，计划研发一款类似 F/A-18 大小的舰载无人加油机。同年 7 月，该计划被正式命名为 MQ-25A "黄貂鱼"，其样机如图 10.6 所示。

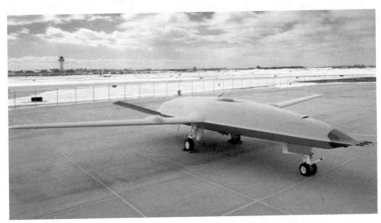

图 10.6　波音公司 MQ-25 "黄貂鱼" 样机

洛克希德·马丁公司、波音公司、诺斯罗普·格鲁曼公司和通用原子公司参与了该项目的竞标。其中，波音公司于 2017 年 12 月推出了其原型机，并在 2019 年 4 月成功首飞，赢得了竞标的胜利。

作为下一代美国海军舰载无人加油机，MQ-25 占用面积小，可维护性高，起飞准备时间短，可以在距航母 930 千米范围内为 4 至 6 架飞机提供 15 000 磅（6800 千克）的燃油，可将 F/A-18 的作战半径由 830 千米提高到 1300 千米。

美军航母上搭载的 F/A-18 战机一般在 50 架左右，但一般情况下，其中的 25% 要承担加油任务，不能发挥最大战斗力。而 MQ-25 的出现，可有效缓解此问题，使 F/A-18 机群打击效率更高，同时航母可以更加远离敌方目标，撤到中程弹道导弹 1450 千米的最大射程之外，提高自身安全性。此外，相较于 F/A-18 约 2 小时的滞空时间，MQ-25 可在空中停留长达 14 小时，因而起降架次少，减轻了部署压力。MQ-25 在空中待命的同时也起到了警戒巡逻的作用，提高了航母的自卫能力。

2021 年以来，美国海军与波音公司开展多项 MQ-25A "黄貂鱼" 飞行测试，验证了包括密集协同编队、尾流测试、锥套跟踪对接、空中受油等多项关键技术。图 10.7 为 MQ-25A 无人机为 F-35C 有人机进行空中加油。

图 10.7　MQ-25 "黄貂鱼" 无人机为 F/A-18 加油示意图

10.1.3　无人机蜂群

无人机蜂群作战设想来源于蜜蜂蜂群的协作行为和信息交互方式，其作战的技术原理是 "集群智能"，即众多无/低智能的个体通过相互之间的简单合作所表现出来的集体智能行为，其示意图如图 10.8。在群体行为中，通过个

图 10.8　无人机蜂群示意图

体之间局部简单的相互交流，无人机蜂群整体可以通过组织协作完成一些较为复杂的任务，降低无人机在作战时的风险和损失，并提高战术的灵活性。

无人机蜂群的主要特点有以下三种。

（1）个体小，易于隐蔽突袭。用于"蜂群"作战的无人机多为小型无人作战平台，雷达反射面积小，可探测性低，对方难以远距离探测，因而可以有效压缩敌方反应时间，使对方来不及反应和拦截。

（2）数量多，易于饱和攻击。无人"蜂群"作战的最大优势是数量优势，通过大量不同功能类型无人系统的集群运用、协同作战，造成敌防御体系在探测、跟踪和拦截能力上迅速饱和，从而使得系统因超出能力范围而瘫痪。

（3）价格低，利于消耗作战。相对于防御武器系统，"蜂群"无人系统具有较好的低成本优势和较高的效费比，可以不计损失地大量投入，有效毁瘫对方高价值目标并同时消耗其造价昂贵的弹药，使对方因难以承受非对称消耗而使持续作战能力降低甚至作战失败。

2016 年 10 月，美国海军在位于加利福尼亚州的中国湖试验场成功完成了一次大规模的微型无人机蜂群演示。在这次演示中，美国海军 3 架 F/A－18F"超级大黄蜂"战斗机一共投放了 103 架"灰山鹑"小型无人机（图 10.9），创下了世界上已知最大规模的军用无人机蜂群记录。这群小型无人机演示了集体决策、自修正和自适应编队飞行。"灰山鹑"无人机之间相互联络，自行形成集群，不需要操作人员的微观管理。即使一些无人机损毁，无人机蜂群也可

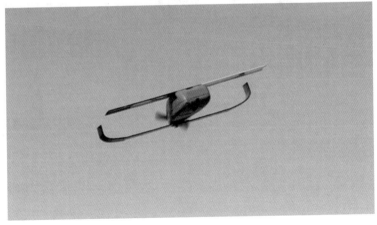

图 10.9　"灰山鹑"无人机

以自行调整，完成任务。这意味着单架"灰山鹑"无人机的任务失败不会导致整个蜂群任务失败。

10.1.4　无人机空中回收

然而，无人机蜂群存在可回收性较差的问题。目前而言，大多数无人机蜂群所采用的无人机仅为单次使用，其原因一方面在于执行任务时，无人机不可避免的损毁；另一方面则是回收技术困难或回收成本高。

为解决这一问题，美国国防部高级研究计划局（DARPA）实施了 X－61A "小精灵"项目，研究蜂群无人机的快速回收技术。任务开始时，由 1 架 C－130 运输机携带 8 架 X－61A "小精灵"无人机前往任务区域并进行投放。在 X－61A "小精灵"无人机完成既定任务后，与 C－130 机舱尾部安装的一个拖曳式稳定捕获器对接，类似于空中加油。对接完成后，无人机关闭电源，随捕获器上升，并被上方的机械装置固定和回收。2021 年 10 月，DARPA 成功完成 C－130 运输机空中回收 X－61A "小精灵"无人机试验，验证了无人机空中回收技术的可行性。图 10.10 为 C－130 空中回收 X－61A。

图 10.10　C－130 空中回收 X－61A 无人机

10.2　新能源无人机

新能源无人机是指采用非常规能源作为动力来源的无人机，包括太阳能无人机、燃料电池无人机、氢能源无人机、混合动力无人机、激光能源无人机和等离子体无人机等。

新能源无人机有各自的特点和优势，比如更加环保、更加高效，但同时也存在着许多限制。由于新能源无人机处于起步阶段，与传统无人机相比，设计、制造、维护技术仍不成熟，应用范围不广。此外，新能源无人机大多存在动力不足、操作不便的问题，飞行性能不及传统无人机，无法执行特定任务。

目前新能源无人机发展较为迅速、较为成熟的方向是太阳能无人机和氢能源无人机，更新颖的方向以激光能源无人机和等离子体无人机为代表。

10.2.1　激光能源无人机

为了能让无人机更加长久地停留在空中，美国洛克希德·马丁公司研发出一种全新的激光充电系统，称可以使"潜行者"无人侦察机（图 10.11）进行不间断飞行。

图 10.11　"潜行者"无人机

激光充电的大致过程是：地面设施的电源系统作为能量源为激光器供电；激光发射器将电能转化为激光能量；激光能量经过跟瞄系统准确传输到机翼下方的光伏电池上；光伏电池将激光能量转化为电能，为机载电池充电，从而为无人机提供能量。图 10.12 为对无人机进行激光充能的原理图。图 10.13 为在机翼下方安装的两块光伏电池板。

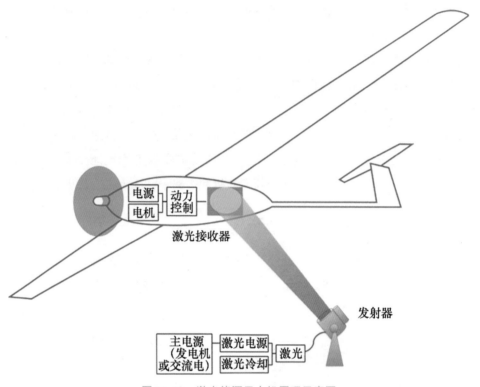

图 10. 12　激光能源无人机原理示意图

图 10. 13　机翼下方安装的两块光伏电池板

洛克希德·马丁公司利用全新的激光充电系统，在风洞模拟试验中令"潜行者"无人机连续工作了 48 小时，其续航时间增加了 2400%。在户外试验中，"潜行者"无人机也完成了跨昼夜无故障飞行。技术人员认为，这种激光充电系统甚至可以让无人侦察机进行不间断飞行，一直留在空中。

然而，用激光为无人机充电的能力也面临一些障碍。一方面，激光在大气中传播得越远，强度就越低，还可能会被烟、雾、霾和雨遮蔽；另一方面，向无人机发射激光也存在着安全问题，当激光照射到光伏电池以外的机体部分时可能会破坏无人机结构。

10.2.2　等离子体无人机

等离子体无人机使用等离子发动机提供动力，不需要螺旋桨或涡轮叶片等运转部件，因此构造更简单，并且工作时十分安静，可以提高无人机的隐蔽性。

2018 年，MIT 制作出了第一架等离子体无人机，总重量仅 2.5 千克，推进系统没有任何活动部件，如图 10.14 所示。

4000伏高压电源　　　　　等离子发动机

图 10.14　MIT 等离子体无人机

等离子发动机与普通动力系统的区别在于，普通动力系统通过螺旋桨或风扇推动空气从而获得推力，而在等离子发动机中则是由等离子体推动空气。如图 10.15 所示，两高压电极间形成了强电场，使得空气分子电离，形成由离子和自由电子组成的等离子体，其中带正电的离子在电场作用下向负极加速运动，在此过程中通过撞击其他空气分子起到推动空气的作用，产生了推力。

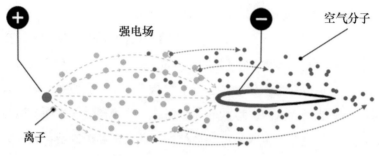

图 10.15　等离子发动机原理图

等离子发动机的缺陷在于其推力过小，这限制了它的实际应用。MIT 的等离子体无人机在飞行过程中发动机仅提供了 3.2 牛的力，仅使无人机上升了约 0.47 米。等离子体无人机短期内虽无法投入实际应用，但这为未来无人机动力系统的发展提供了一种可行的思路。

10.2.3　超长航时太阳能无人机

以太阳能为动力的无人机在超长航时领域有着得天独厚的优势。飞行过程中，该类无人机可以通过在白天不断吸收转化太阳能来为飞机补充能源，以实现超长航时的飞行。美国空中客车公司研制的 Zephyr-S 太阳能无人机便是其中的代表。

Zephyr-S 无人机翼展为 25 米，最大起飞重量 75 千克，可携带 5 千克有效载荷，如图 10.16 所示。2018 年 7 月 11 日至 8 月 5 日，Zephyr-S 完成了长达

图 10.16　Zephyr-S 太阳能无人机

25 天 23 小时 57 分钟的连续飞行。2022 年 6 月 15 日，Zephyr-S 再次起飞，该次飞行时长达到 64 天。

10.3 微型自主无人机

如今无人机应用广泛，但在茂密的森林等高度复杂的环境下，无人机很难进入，因而对于以微型无人机为代表的低空无人机而言，如何在复杂环境中进行自主飞行，是一个具有挑战性的课题。而随着四旋翼的发展、自主导航技术的革新以及人工智能的发展，在复杂环境中进行微型无人机集群飞行成了可能。

2022 年 5 月 5 日，*Science Robotics* 以封面文章刊登了浙江大学研发的微型智能无人机，如图 10.17 所示。该无人机的成功研制，克服了未知复杂环境下机器人单机与群体的智能导航，以及快速避障方法等一系列核心问题。

图 10.17 浙江大学研制的微型智能无人机

浙江大学研发的这款新型机器人在仅使用机载视觉、机载计算资源的情况下，实现了在野外树林复杂环境下感知周围障碍物、定位自身位置及生成飞行路径，以及多智能体通信等多项关键技术突破。同时，该无人机有"智慧大脑"。尽管处理器只有拇指大小，但是它能够独立计算处理飞行过程中遇到的海量信息。

　　未来，微型智能无人机有诸多可应用场景。例如在火灾等搜救场景中，小型集群机器人能够更好实现搜救目标，减少搜救人员风险；在地形勘探中，也可以快速对人员无法到达的区域进行建模。

10.4　垂直起降无人机

　　垂直起降无人机又称垂直起降固定翼无人机，是指具有固定机翼，又能够实现垂直起降的无人机。

　　传统的可以垂直起降的无人机主要包括无人直升机和多旋翼无人机，它们都是靠螺旋桨升力直接克服无人机自身重力实现飞行，虽然起降便捷，但能耗很高，续航时间较短，飞行速度较低，航程较近。固定翼无人机升力来源于机翼，续航时间较长，飞行速度较快，航程也较长，但不能垂直起飞和降落。

　　垂直起降无人机则结合了旋翼机可垂直起降的功能和固定翼无人机飞行性能的优势，既能够实现良好的飞行效率，又能降低对起降场地的依赖性，引起了各国的重视。垂直起降无人机根据整体构型的不同，可分为尾座式无人机、倾转旋翼无人机和平稳过渡型无人机等。

10.4.1　尾座式无人机

　　尾座式无人机是一种以机头向上、机尾向下的方式实现垂直起降的无人机，起飞后通过整机的倾转进入平飞阶段。这种形式无须倾转机构，结构简单，可靠性高，使用和维护更加方便，但起降阶段迎风面积较大，抗风性差。

　　V-BAT 无人机是美国 MartinUAV 公司研制的一款尾座式垂直起降无人机，如图 10.18 所示，可搭载 3.6 千克的任务载荷，包括多光谱传感器、雷达、通信设备等，可以最高 46 米/秒的速度飞行，快速冲向目标，也可在 4500 米高空以 23 米/秒的速度巡航 8 小时。作为尾座式无人机，V-BAT 起降只需占用 9 平方米的区域，可以在紧凑型甲板、密集的城市地形上部署，甚至在卡车的后车厢上也可实现稳定着陆，这一特点更是加大了灵活性，使其可以在非常简陋的条件下执行任务，极大地提高了使用效能。图 10.19 为 V-BAT 无人机起飞与整机倾转示意图。

图 10.18 V – BAT 无人机

图 10.19 V-BAT 无人机起飞与整机倾转示意图

10.4.2 倾转旋翼无人机

倾转旋翼无人机是通过改变旋翼的朝向来进行垂直起降和水平飞行之间过渡的一类垂直起降无人机。当旋翼朝上时，无人机实现垂直起降功能；当旋翼倾转至朝前时，则进入平飞阶段。倾转旋翼无人机只需使用一台发动机，且飞行过程中机身始终保持水平，因而取得了较为广泛的应用。然而，不可忽视的是，由于倾转机构的存在，倾转旋翼无人机结构复杂，倾转过渡阶段飞行规律难以把握，控制难度大。

"鹰眼"无人机是美国贝尔公司研发的一款倾转旋翼无人机，如图 10.16 所示。安装在机身中部的一台发动机通过传动装置驱动位于翼尖的两个可倾转旋翼。"鹰眼"无人机可携带 90 千克的任务载荷，最大飞行速度达 370 千米/小时，续航时间达 5.5 小时，是一种高效益的无人机。贝尔公司曾为美国海岸警卫队提供"鹰眼"无人机，每艘近岸巡逻执法舰上可部署 4 架"鹰眼"无人机，它们可以灵活地执行海事巡逻任务，进行实时监视和情报搜索，使得美国海岸警卫队能对缉毒、缉私等边境安全任务作出及时响应。图 10.20 为"鹰眼"无人机起飞与旋翼倾转示意图。

图 10.20 "鹰眼"无人机

10.4.3　复合式垂直起降无人机

复合式垂直起降无人机拥有两套独立的动力系统，分别在起降阶段和平飞阶段使用，这样就能避免倾转机构和对应的控制方案设计的困难。与之前两种相比，这种无人机具备更稳定的垂直起降能力和可靠的转换状态能力。

2022 年 2 月 18 日，由洛克希德·马丁公司研制的"跟踪者"VXE 无人机进行了长达 39 小时 17 分 7 秒的长航时飞行。该无人机重约 20 千克，使用电力推进，由以丙烷为燃料的固体氧化物燃料电池（SOFC）提供动力，最大速度为 93 千米/小时，如图 10.21 所示。

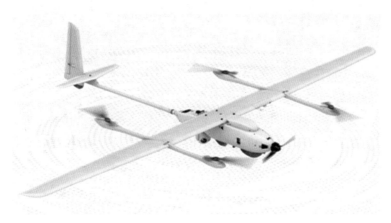

图 10.21　洛克希德·马丁的"跟踪者"VXE 无人机

10.5　跨介质无人机

跨介质无人机是指既可完成水下潜航，又能进行空中飞行的新概念特种无人飞行器。它既具备潜航器的隐蔽性优势，又具备无人机的速度优势，因而可以获取大量的空中、水上、水下信息，针对敌方防御体系弱点，综合利用空中和水下的突防手段突防，具有高效突防打击能力和多任务能力。

跨介质无人机虽可集中水下和空中两种平台的优势，然而由于水和空气的物理性质有很大的差别（水的密度约为空气的 800 倍，黏性系数约为空气的59 倍），跨介质无人机又需要兼顾潜航和空中飞行的性能，因而在设计上的难度很大。通常，变体技术是跨介质无人机解决这一问题的有效手段。

XFC 无人机是美国的一款机翼折叠、由燃料电池驱动、能够从潜艇上发射的情报监察无人机，如图 10.22 所示。

图 10.22　XFC 无人机

2013 年 12 月 5 日，美国海军成功进行了 XFC 无人机的试验，通过潜艇导弹发射筒将装载有 XFC 无人机的运载器发射到水面，运载器在收到指令后再将无人机垂直发射到空中。其发射过程如图 10.23 所示。

图 10.23　XFC 无人机发射过程

除了 XFC 的发射形式外，近年来，跨介质飞行器也有一些新的构想和突破。北京航空航天大学团队通过仿生鲫鱼吸盘结合高机动性的四旋翼无人机，研制了一款能够跨水/空吸附、无缆的仿生飞行器，如图 10.24。该飞行器能够实现水下游动、水下吸附和空中飞行、空中悬停。2022 年 5 月 19 日，该成果在 *Science Robotics* 期刊发表。

图 10.24　跨水/空吸附、无缆的仿生机器人

近年来，随着相关技术的进步，跨介质无人机的研发关注度在提升，国外的相关研究在不断加速。相信在不久的将来，这类无人机即可投入使用，真正实现"上天入海"的作战构想。

10.6　高超声速无人机

高超声速无人机是指飞行速度在 5 倍声速以上的无人机。高超声速无人机因其飞行速度快、机动性能好、突防能力强和能够远程精确打击的优势，具有重要的战略意义和极高的应用价值。特别是从目前的防御技术来看，该类无人机由于飞行速度和高度的绝对优势，同时具有轨迹复杂的特点，使得敌方对其进行空中拦截变得非常困难。

世界各军事强国每年都会投入大量的资金用于高超声速技术的研究，当前，在总体设计技术、气动力技术、高温长时间热防护技术、高精度制导与控制技术、发动机技术等关键技术方面已经取得了突破性进展。

X-37B 是美国研制的一款可重复使用的空天无人机，它采用了与航天飞机相似的翼身融合的升力体气动布局，可通过运载火箭发射，自主滑跑着陆，如图 10.25 所示。作为一款能够长期在轨的空天无人机，X-37B 具有高速变轨机动能力，能够灵活覆盖作战区域，实现快速交会对接、拦截和目标摧毁。在轨期间，X-37B 可进行一定的空间对抗活动，也可能携带高超声速导弹等武器，实施天对地精确打击。当有需要时，X-37B 可以快速再入，在 25 倍音速的环境下飞行，着陆后可以进行有效载荷更换，并再次发射。2017 年 9 月 7 日至 2019 年 10 月 27 日，X-37B 在其第五次试飞中持续飞行了 780 天，前五次试飞共计飞行了 2865 天。2020 年 5 月 17 日，X-37B 再次发射升空，开始了第六次试飞。

图 10.25　X-37B 无人空天飞机

10.7　超长航时无人机

无人机的持久滞空能力具备明显的应用价值，超长航时无人机也受到各国的密切关注。超长航时无人机凭借其滞空时间优势，可代替卫星或大型飞机执行灾区通信中继等长时间不间断的任务，也可覆盖更大的面积，执行海面监视、森林防火等任务。更长的航时也意味着执行任务所需的架次更少，相应的设备、人员、运输和维护成本也大幅减少。目前，超长航时无人机的研制已有了初步的成果。

近年来，油动超长航时无人机快速发展。如美国 Vanilla Unmanned 公司研制的 VA001 超长航时无人机（图 10.26），翼展 11 米，巡航速度约 28 米/秒。2021 年 9 月 24 日，VA001 无人机从美国空军基地起飞，并完成了 192 小时 50 分钟的超长航时飞行。

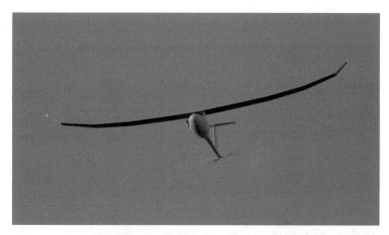

图 10.26　VA001 超长航时无人机

VA001 无人机优异的性能，与它独特的设计密不可分。VA001 无人机采用小车牵引起飞方式，去掉了传统的起落架，因而减去了起落架的重量和其产生的气动阻力，如图 10.27 所示；大展弦比机翼减小了诱导阻力，提高了升阻比；尾推式螺旋桨也提高了动力系统的效率。

图 10.27　VA001 无人机牵引起飞

10.8　火星无人机

2020年7月30日，美国发射了"毅力号"火星车。与以往火星探测任务不同的是，此次的火星车搭载了一架小型火星无人直升机——"小机灵"无人机，如图10.28所示。

图10.28　"小机灵"无人机和"毅力号"火星车

"小机灵"无人机仅重1.8千克，高0.5米，由两个反向旋转的直径1.2米的旋翼提供升力，平飞速度为10米/秒，爬升速度为3米/秒。相较于只能在火星陆面行驶的火星车，"小机灵"无人机可以更加灵活地对火星表面进行空中侦察，更快地前往目标，并且可以从空中为火星车规划最佳行进路线。"小机灵"无人机搭载了一个彩色相机和一个黑白相机，可以拍摄清晰的火星表面照片，分辨率约为轨道卫星图像的10倍。火星无人机提供了轨道卫星和火星车都无法提供的独特视角，使得火星车没有任何监控死角，提高了火星探测的效率。一旦"小机灵"无人机在此次任务中飞行成功，它将成为首架在其他行星上飞行的可控无人机。未来火星探测也将增加火星车与无人机协同工作的全新方式。

本章习题

1. 无人作战飞机相对于有人作战飞机有何优势？

2. 无人加油机对航母作战有何帮助？

3. 在执行任务时，无人机蜂群的协作形式相对于传统方式有何不同？

4. 激光能源无人机是如何源源不断的获得能量的？

5. 等离子体无人机获得推力的原理是什么？

6. 举例说明垂直起降无人机相对于传统无人机有什么特点。

7. 作为垂直起降无人机，尾座式无人机、倾转旋翼无人机和平稳过渡型无人机各有什么优缺点？

8. 无人机实现跨介质功能有何困难？

9. 高超声速无人机有哪些优点？

10. 为什么火星无人机采用直升机的形式，而不是固定翼？

11. 你认为本章介绍的无人机最新技术中哪些最有发展前景？为什么？

参考文献

[1] 朱超磊，袁成，杨佳会，康国卫. 2021 年国外军用无人机装备技术发展综述 [J]. 战术导弹技术，2022 (1).

[2] 厉博. 国外无人作战飞机发展回顾与趋向分析 [J]. 飞航导弹，2019 (10)：43 - 48.

[3] 陈思信. 形形色色的新飞行器 [J]. 航空知识，2002 (1)：25 - 27.

[4] 许赟. 美空军低成本可消耗无人作战飞机分析 [N]. 中国航空报，2019 - 06 - 18 (005).

[5] 杨铁虎. 波音公司推出首架"忠诚僚机"无人作战飞机 [EB/OL] (2020 - 05 - 07) [2020 - 08 - 21]. http：//military. people. com. cn/n1/2020/0507/c1011 - 31699706. html.

[6] 吴渝，唐红，刘洪涛. 网络群体智能与突现计算 [M]. 北京：科学出版社，2012.

[7] 孙凯，崔学志. 无人机蜂群战术及对抗策略研究 [J]. 中国科技纵横，2019

(10).

[8] 刘晓光，华文深，杨佳，等. 激光供能无人机光伏接收器设计原则 [J]. 激光与红外，2015 (10)：1189 - 1193.

[9] H. Xu, Y. He, K. L. Strobel, et al. Flight of an aeroplane with solid-state propulsion [J]. Nature：International weekly journal of science，2018 (563)：532 - 535.

[10] 高洪波，苏周，张兆海. 垂直起降固定翼无人机发展趋势分析 [J]. 科技创新导报，2019 (22)：232 - 237.

[11] 杨小川，罗巍，何炬恒，等. V-Bat——非航母舰载小型垂起无人机发展历程及技术特点 [J]. 飞航导弹，2019 (12)：43 - 48 + 54.

[12] 李文杰，徐文. 贝尔公司将研制全尺寸鹰眼无人机 [J]. 飞航导弹，2004 (05).

[13] 杨兴帮，梁建宏，文力，等. 水空两栖跨介质无人飞行器研究现状 [J]. 机器人，2018 (01)：102 - 114.

[14] XIN ZHOU, XIANGYONG WEN, ZHEPEI WANG, ET AL. Swarms of flying robots in unknown environments [J]. Science Robotics，2022 (66)：7.

[15] 冯志高，关成启，张红文. 高超声速飞行器概论 [M]. 北京：北京理工大学出版社，2016.

[16] 特日格乐，王楠楠，姚源，等. 美国 X-37B 发展概况简析 [J]. 中国航天，2020 (04)：37 - 40.

[17] 徐晨华. 美国非太阳能动力超长航时无人机发展综述 [J]. 飞航导弹，2018 (08)：35 - 41.

[18] 于远航. 目标远大，"毅力号"开始为载人探火铺路搭桥 [N]. 中国航天报，2020 - 08 - 08 (001).